THE POWER OF WOMAN

THE POWER OF WOMAN

游戏规则 女人来定

THE POWER OF WOMAN

(韩)郑守娟◎著　文　文◎著

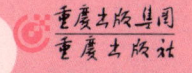

重庆出版集团
重庆出版社

图书在版编目（CIP）数据

游戏规则女人来定/（韩）郑守娟著；文文译. 一重庆：重庆出版社，2009.6

ISBN 978-7-229-00587-0

Ⅰ．游… Ⅱ．①郑…②文… Ⅲ．女性—成功心理学—通俗读物 Ⅳ．B848.4—49

中国版本图书馆CIP数据核字（2009）第056513号

ⓒ 2006 by Sooyun Chung, Joongang Economy Publishing Co.
All rights reserved.
First published in Korea in 2006 by Joongang Economy Publishing Co.
This Chinese(Simplified) Edition published by arrangement with
Joongang Economy Publishing Co.
Chinese(Simplified) Translation Copyright ⓒ2008 by Guangzhou
DaranCulture Development Co.,Ltd
Through M.J. Agency.

版贸核渝字（2009）第051号

游戏规则女人来定

（韩）郑守娟◎著　　文 文◎译

出 版 人：罗小卫
策　　划：光　南
责任编辑：李元一
责任校对：郑　惠
封面设计：兰亭创意

重庆出版集团 出版
重庆出版社

重庆长江二路205号　邮政编码：400016　http://www.cqph.com
深圳大公印刷有限公司制版印刷
重庆出版集团图书发行有限公司发行
E-MAIL:fxchu@cqph.com　邮购电话：023-68809452
全国新华书店经销

开本：787×1092　1/16　印张：13.75　字数：125千字
2009年6月第1版　2009年6月第1次印刷
ISBN 978-7-229-00587-0
定价：25.00元

如有印装质量问题，请向本集团图书发行有限公司调换：023-68706683

版权所有　侵权必究

CONTENTS

游戏规则 女人来定

自序 女人！要比三顺更强韧！/001

第一章
女性就该善变
——从时代背景看女性角色演变 /001

时代在变，女性也要善变 /002

游戏规则，女人来定 /006

摆脱童话的包袱 /009

成功的女性最美丽 /013

美女的标准配备 /018

CONTENTS

游戏规则 女人来定

第二章
三顺的魅力 转变的魔力
——韩剧中女性角色大解析 /027

韩剧角色大分析 /028

恶女大受欢迎？ /031

韩剧女角学问大 /036

韩剧改变男女关系 /043

灰姑娘在派对中？ /046

颠覆传统，三顺反攻 /053

资深美女，魅力不减 /057

第三章
《古墓丽影》的劳拉，走入现实
——谈电影中的女性角色 /067

电影中的女性角色 /068

电影充分反映时代 /071

大银屏舞动韩国女权 /073

善良女子不流行了 /078

电影里的女性主义 /085

破解女性的性欲望 /089

亚洲电影女人当家 /095

银幕中的流行产业 /098

CONTENTS

游戏规则 女人来定

第四章
掌握商机 抓住女人心
——广告里的女性变化 /111

女性喜爱，广告必胜 /112

网络商机，火速蔓延 /116

数位时代，女性时代 /119

了解女人，成功临门 /125

女性领袖，众人追随 /130

超级名模，绝非万能 /134

广告原罪，物化女性 /141

情绪投射，女性魔咒 /147

第五章
女性力量 改变国家
——从政治层面看女性的变化 /153

政治不是男人专区 /154

韩国政党,女性崛起 /158

女性总统,并非神话 /163

CONTENTS

游戏规则　女人来定

第六章
全新世代，女性不缺席
——女性未来定位大剖析 /167

偏见退败，女性上台 /168

女性力量，撼动未来 /171

美国心，玫瑰情 /178

曼妙女体，不是唯一 /188

这个世纪，由你做主 /192

3F 时代已经来临 /196

自 序
女人！要比三顺更强韧！

21世纪的韩国，对于"积极正面的女性"以及"强韧的女性"，掀起崇拜的热潮。过去社会的标准是趋向于善良而顺从的女性，但是以现代来说，有点使坏的女人或是强韧而积极正面的女性，才是社会上所认定的标准。

2005年，电视剧《我叫金三顺》引起许多观众的回响，这部戏就是在反映此时代的需求，因此深得大家的喜爱。三顺这个角色尤其受到女性朋友们的热爱，探讨原因就可以得知，社会所追求的理想女性形象，其实正在改变。

从过去到现在，透过传媒，女性的形象产生了什么变化？其所代表的意义是什么？针对这些问题，本书做了一番详细且深入的陈述，并介绍在各领域的成功女性，以及未来展望。

本人才疏学浅，在此本着一点浅薄的知识，试着去呈现21世纪韩国理想女性的各种新样貌，希望这样的书籍能对社会有些

游戏规则 女人来定
THE POWER OF WOMAN

许帮助，于是大胆地将拙作付梓上市。

　　在此本人要感谢父母及家人给我的鼓励，以及日月大学舆论广告系的所有前辈，以及过去我所遇到的各位贵人，他们的谆谆教诲，让我体悟生命的可贵，以及生命中最重要的爱和幸福，让我知道如何去珍惜，感谢大家。

郑守娟

第一章

女性就该善变

——从时代背景看女性角色演变

游戏规则女人来定

时代在变，女性也要善变

在21世纪，不管是女性或男性，都可以透过在家工作来参与社会生活。现在，工作职场上的女性人数逐渐增加，而在家里帮忙做家事的男性人数也在增加当中……

21世纪是急速变化的社会，无论是学校教育还是社会大众生活，都受到计算机普及后带来极大的转变，可以说信息化的计算机和网络已经成为生活中的必需品。

举凡生活中，大大小小的问题，总是让我们不断地在作抉择，选定下一个目标。我们就在这种不断地选择和学习的社会当中成长、生活着。所以21世纪的时代，是让我们以具有创意性的态度与自主独立的判断力生活，这也是21世纪被称为知识经济社会、信息化社会的原因，过去的女性是以专业的主妇角色存在，但现在，家庭主妇角色的时代已经过去了。

在21世纪，不管是女性或男性，都可以通过在家工作来参与社会生活，所以，若是以传统观念认为男性和女性的角色是不同的，这已经是落伍了。现在在工作职场上工作的女性人数逐渐增加，而在家里帮忙做家事的男性人数也在增加中。就实际整体而言，现今社会还是对女性存在差别待遇。为了消除这种偏见，现今的女性要对自己有更明确的了解和坚定的信念，同时也需要由国家单位提供各方面适当的机会，让女性能发挥潜力，在这样的基础上，让女性在参与社会发展的同时，也将自己的生涯规划，依照社会的动向，奠定出一个方向。

其实最重要的是，女性要有勇于挑战和自我爱惜的态度，以诚实、积极的特性和能够爱惜别人的智慧，展现出主体意识，这就是女性本身所具有的多样化和真正属于内在的美丽。况且，女性不单只是归属于一个领域，她是一个家庭的中心，同时也是社会许多领域的中心，所以需要表现出崭新的女性风貌。

崭新的女性风貌

21世纪的女性不仅要有主体性，还要有自律性、独立性、自我决定权上的确实性，并且要有不管在怎样的环境下，都有可以生存的坚韧精神力，最后还要具备足够的体力，在具备了这些条件之后，在家里就应该由男女共同负担家务和养儿育女的责任，夫妻一起享受工作和闲暇时的乐趣。总之，21世纪的变化就是，女性需要积极且自主的观察周围环境，并努力去适应，不断地预测未来，积极采取对应的能力，不然的话，对于个人或社会都会有很大的损失。

所以，身为国家一分子的女性，要对社会活动表示关注且参与，社会一半是女性，人民一半也是女性，所以女性参与政治是无可厚非的事情，并且不仅是在政治，而且在行政、社会的各个领域，女性都该参与。国家是个社会共同体，需要全民的参与，为了这个共同体的内在稳固，女性参与社会事务是很重要的事情。

21世纪已是整个社会民主化时代，尤其是在平等意识和生活模式上，社会的多样性和复杂性增加，社会快速地多元化，不只是物质上的丰硕、精神上的满足，更重视自我实现的机会，每个人的生活方式自从多元化之后，对于个人的创造力需求就更高了。

打破思想上的矛盾

由于社会的组织化、网络化都与我们密不可分，在这样的过程中，大家对于生活质量的提升表示高度关切，女性们对于环境、和平、生命、消费者运动也表示极度重视，因此女性的权力运动也开始蓬勃，女性的地位也不断地提升。这样的变化，也许在过程上，会带来不均衡的发展和男人主政思想上的矛盾，但只要女性朋友不断的努力，就可以解决这些问题。

生育力的降低、人口减少以及女性的高学历，使女性参与经济和社会活动的机会日益增加，再加上专业领域或是职场领域对女性人才的需求，同时由于雇佣形态的多样化，使已婚女性参与经济活动的机会越来越多。所以以目前需要加强保育制度，家族形态多样化的现代而言，需要重新奠定符合现代价值观的"主妇"和"人母"的角色，对于专业主妇的家事劳动价值，也需要重新做一番评估。

21世纪无疑是男女共同参与社会活动、共同负起社会责任的时代，女性问题与21世纪的社会发展有着密不可分的关系，也就是说若没有解决女性问题就不能跨出国际化和先进化的一步。

再说，这种社会的变化，也将会带来政治、经济、雇佣方式、生活方式、家庭结构、价值观、意识形态、技术、知识上的变化，这不是很久以后才会发生的事情，是说不定睡一觉明天醒来就要面对的事情。在男性和女性共同居住的环境中，这种急速的变化，将会日趋严重，尤其在知识信息化下，女性也将会改变自己来顺应社会。

游戏规则，女人来定

进入21世纪之后，女性的生活领域本身就产生了很大的变化，经济活动的机会增加，女性接触政治圈的机会也增加，家庭关系变化了，对于性的意识也有不同的想法……

不要说很久，大约在十几年前，许多少女都梦想将来成为贤妻良母，所以努力地装扮自己，好让自己遇到理想的白马王子，将来好做一个贤妻，几乎将这当成整个人生目标。为什么要这样呢？因为她们相信，只有漂亮的女生才会遇到白马王子，灰姑娘是这样子，白雪公主也是这样子，韩国民间故事里的小黑豆也是这样子，耳濡目染的童话故事，让少女们觉得要遇到好对象，第一个先决条件是要长得漂亮，那么到底为什么，为了谁而让少女梦想自己成为贤妻良母呢？其实贤妻良母是以"幸福的家庭"为号召，由男性创造出来的世俗观念，这并不很合理的利己观念，却因为"幸福美满的家庭"的美名,使大家被合理的名义强迫去做。

　　长久以来的传统社会中,大部分的女性在生活上的选择幅度不大,而且无法自己决定自己所期待的,夸张一点来说,女性在20世纪初,还并不能算是自由了,到了20世纪末,才开始受到一般人的待遇,从过去扮演义务性的角色,逐渐成为具自主权的角色。

　　进入21世纪之后,女性的生活领域本身就产生了很大的变化,经济活动的机会增加,女性接触政治圈的机会也增加,家庭关系变化了,对于性的意识也有不同的想法,意识形态和思考方式也在转型。因此,现在在韩国的家庭和社会问题上,常看到男人主政和男女平等两种意识形态。但男性对女性的要求,仍然不是很宽大的,因为现代女性所拥有的带有限制性的自由,也是由女性自身奋战而获取的,并不是男性所赐的,所以其他的部分,也要付出一定的代价才能取到手。

贤妻良母不是唯一角色

　　这样的状况下,以贤妻良母为基础,加上社会职业妇女的角色,现代的女性几乎要成为女超人了,现代的女性不仅要成为贤惠的母亲和好太太,也要把职场的工作充分胜任,不然的话,就要背负由于任何一部分没有尽职而造成的后果。

毕竟女性不是一个转换器，她是一个人，不管要作一个乖乖顺从的贤妻良母，或是家庭和工作兼顾的女超人，都需要女性超越自我的努力才能达成。所以这对许多女性来说，也已经超越了努力的范围而几乎成为一种牺牲，因此，需要在家庭和社会都实现男女平等的状况下，才能让女性实现自我而塑造出最理想的面貌，当然所有的变化都隐藏着危险和机会，所以抓住机会而擅用机会的女性，才能迎向亮丽的未来。

所以21世纪的女性运动，需要有透彻的专家精神和职业精神，以及因应信息社会的学习技能，让自己接受适当的训练和教育，以取得与男性同等的地位。而为了使这个社会真正成为女性和男性共同参与的社会，还需要个人不断的充实以及整个社会的努力，也就是说，女性迎接21世纪的意思，是在男性所架构的现有游戏规则下，创造出新的游戏规则，这也是代表着新的展望和远景的呈现，以及策略的实现和影响力的扩大。

Wisdom Talking For Woman

给女人的箴言

我并非不相信一见钟情，但我认为应该多看一眼。

——文森特

摆脱童话的包袱

童话故事里的白雪公主,拿到毒苹果还是乖乖地吃下去,韩国童话里的小黑豆姑娘,遇到欺负人的继母,也是没有反抗。但现在时代不一样了,现在的女性要勇敢地说:"这个苹果有没有毒啊?"

赢得成功的女性的确不多,但对于成功的渴望人人都有,依照比例而言,成功的女性和一般女性的确有着明显的差别。

成功的女性和一般女性最大的差别是,大部分成功的女性,她们勇于甩掉"善良女性的包袱",她们会说:"我需要为我周遭的人和家庭,成为一个善良的女子吗?为什么?他们的人生既然重要,我自己的人生也很重要!与其让我成为一个善良女子,不如让我成为一个为自己而活的女子。"

但还是有许多女性在"善良女子的包袱"中挣扎,女性很容易陷入的障碍是"外表的障碍"和"善良女子的障碍",每个女

游戏规则　女人来定
THE POWER OF WOMAN

　　人都希望自己成为一个即美丽又善良的人，但这种想法已经落伍了。女人们已经知道了，也许善良的女子可以让周遭的气氛变得愉快，但不见得能让自己变得幸福，而且善良的女子每次都需要让步，所以很难"成功"，但"成功"是现代所有女性的目标。

　　童话故事里的白雪公主，拿到毒苹果还是乖乖地吃下去，韩国童话里的小黑豆姑娘，遇到欺负人的继母，也是没有反抗。但现在时代不一样了，现在的女性要勇敢地说："这个苹果有没有毒啊？"或是说："为什么只有我在工作？继母都不去工作呢？"如果要成功，就要自己去寻找以及守护自我的权利，要这样就不是光靠善良可以达到的，有"善良障碍"的女人很难成功就是这个原因。

　　还有一个让女人很容易陷入的陷阱是"忌妒"。本来都没有事，一旦遇到比自己更受礼遇的对象时，总是喜欢在背后讲闲话或当面争吵，而最终把事情搞砸了。所以常听人说"女人嘛，女人还是不行！"为了要摆脱这样的情形，我们对于竞争者，也要夸口称赞，需要的时候也要帮忙，这种精神反而让人觉得有一股潇洒。在善意的竞争中，当然会结出更好的果实，并且在这样的环境下，才能充分得到发展自我所需的活力。

好女人不代表好欺负

通常一般认为女性比男性懦弱，这是因为女性一旦面临困难，就先胆怯而裹足不前。如果有人提出某些事情或指示某些事情时，不要先拒绝，应该先以正面的态度来响应，然后停下来想一想考虑看看，要怎么去做比较好，如果实行之后失败了，也不要灰心丧气，要以此为教训警惕自己，下次不要犯同样的错，然后眼观未来，做好重新出发的准备。不要害怕面对崭新的事情，任何事情要经历过，才知道自己适不适合，才能够判断出是好是坏，也不要像只井底之蛙一样只想跟认识的人见面，为了自己的未来，有时也要跟陌生人打招呼，甚至还需要跟一些不太想见面的人交谈。一旦见面交往，我们就要付出最大的礼仪，若必要的话，也要养成向别人请求协助的习惯。其实人在世上，本来就是你来我往，今天我帮助你，有一天别人就有机会帮助我们，现在的付出也可以说是为自己未来的一种投资。

成功的人不管男女都有一个共同特性，就是彻底遵守约定，深得周围人的信赖。即使是小小事情，只要说出口，就要遵守约定，如果没有把握，就不要轻言答应。现在的女性要因时因地，勇敢自信地说出"不"，唯有这样才能过着自在的现代生活，有这种常识的人，可以说已经踏上了成功之路。凡事都说好却没有主见，

游戏规则 女人来定 012
THE POWER OF WOMAN

只是茫然地期待白马王子出现，若是过着这种生活，且怀着这样的想法，那么请你早早甩掉，女性朋友们，让我们摆脱白雪公主和灰姑娘的阴影吧！

Wisdom Talking For Woman

给女人的箴言

　　做个睿智的女子。学会从容面对生活。积极面对生活，生活定会如你所愿。

　　　　　　　　　　　　　　　　——无名氏

成功的女性最美丽

从总体国际形势来看,成功的女性人数逐年在增加。从这些成功女性的特质来看,她们都有一些共同点,那就是坚持着自己的毅力,为自己设定的目标努力不懈,最终得到和她所付出努力相对等的果实……

许多活跃在政治、社会、经济、文化、科学、文学、电影、广告、广播、法律等领域中的成功者都是相当出色的女性,这些成功的女性特质,值得深入分析……

女性政治家——邱美爱

她辞去了光州最高法院的法官工作,在 1995 年踏入政坛,成为新政治国民大会的副代言人,后来在第 16 届的立法院选举中,在首尔光镇地区参选而荣耀获胜。她的成功来自于诚实和积极正面的态度，她的坦率发言，让男性立法委员不知所措，也让过去女性望之却步的政坛对于女性贡献在韩国政界的成绩刮目相看。她的确是令人瞩目的新世代领导人，不仅以"邱美爱竞选委员会大院长"的身份突破了第17届大选，挽救了民主党选举危机，并且以自己的亲身经验在1996年出版了《专家不需要说话，只用成绩来取决胜负》。

韩国第一个的女性足球审判——林恩珠

靠着一支口哨在球场上呼风唤雨，指挥男性选手的韩国国内第一个女性足球审判的林恩珠，原先是一个滑冰选手，却在1997年取得国内第一个由女性获得的足球国际裁判资格。她的成功突破了一般人的传统观念——"一个女人怎么能参与男人世界的体育？"她是一个勇敢的女性，拥有18项资格证明，可称是一个不折不屈的女战士，她在1998年获得"本年度的最佳裁判奖"。

女性警政总长——金江子

韩国三十七年来首次诞生的女性警政总长，她在1970年9月被特别采用为巡警之后，历任机场检查员、首尔警察厅初期民愿室的室长、地方警察署的第一位女性课长等职位。当她任职于声色场所附近的管辖区警察署长时，不遗余力的声张女性权益及杜绝各种卖春行为和性暴力犯罪，金江子的成功来自于她坚强的信念，为杜绝卖春现象而奋战到底的决心。

旅游专家——韩飞也

因出版《风之女，站在祖国的土地上》一书而声名大噪，同时也出过许多旅游传记的知名女作家韩飞也，曾经说："没有尝试过，就别轻易放弃。"还是单身的她，在35岁的时候放弃了一家广告公司的部长职位，她摆脱了社会上对适婚年龄的观念，独自一个人到世界各地去旅行，将接触到的各种不同文明，依自己的感受写成文章，让年轻学子怀抱梦想和希望，这样的她，正在吹起一阵属于自己的旋风，自己想做的事情，如果有1%的可能性，就会坚持到底，这是她成功的主要原因。

首届的女性大法官——金英兰

韩国的第一位女性大法官金英兰，是经过推荐大法官咨询委员会的审议，经审查其裁判能力和健康、资质、人品等项目才成为副法官的。金英兰是一位具有卓越智慧的人才，她那脱颖而出的实务能力，加上女性本有的温柔纤细，在法院内外被大家公认为是保护女性和弱势团体的最佳人选，从而力排其他男性候选人，而成为新任大法官。

国际知名的女性物理学家——金英琪

女性物理学家金英琪博士是美国芝加哥大学费尔米（Fermi）研究中心的粒子物理学教授，以及CDF（Collider Detector At Fermilab）试验团队研究质量的希格斯（Higgs）的领导人，她总是用微笑与温柔的语气带领200多名研究人员和技术人员，做督导和进行检验的工作，被评价为优秀领导人，Discovery杂志称她为"解决冲突之女王"，同时她也是美国物理协会（ASP）的成员之一。

择善固执的领导人——全如玉

身为朴瑾惠党主席的左右手，同时也是历任韩国政府韩国党团的代言人，只要是她想要表达的意见，就丝毫不加隐藏地表达出来，她以前是KBS电视台的记者，也是第一位被派到东京的女性特派员，曾经出版《没有什么好怕的》《日本没有了》《女性啊，成为恐怖分子吧！》等书。

透过几本书的内容，她阐述女性要自主地去迎接21世纪的变化，她强调，如果将 20 世纪比喻为在男权化的社会体系下，女性为了争取一部分自由，而必须历经愤怒和斗争的年代，那么 21 世纪将是女性经历奋战后得到既亲切而又有优势的一个女性化时代。她的这套理论，赢得了年轻族群和中年阶层的喜爱。她善于用言论来表达自己的意见，同时也善于洞察社会问题而勇于批判。

除上列列举的几个知名人物之外，在政治、社会、经济、文化、科学、文学、电影、广告、广播、法律等领域中，还有许多活跃的女性，她们优异的表现早已超越了男性并获得了成功，所以从总体国际情势来看，成功女性的人数逐年在增加。从这些成功女性的特质来看，她们都有一些共同点，那就是坚定着自己的决心，为自己设定的目标努力不懈，最终得到和她所付出努力相对等的果实。

Wisdom Talking For Woman
给女人的箴言

女人的美丽是刀，微笑是剑。

——查尔斯·立德

美女的标准配备

以个人主义和金钱主义所渲染的社会，让我们不清楚自己真正要的美是什么，从而无法做出正确的判断，只好将所有标准都定在外在美的基础上，其实在这整个过程中，真正受害最大的还是女性本身……

韩国女性不仅在对社会的认知和价值观上有所改变，甚至连对外貌的认识也有了许多的变化。过去要求的是圆圆的小脸、规规矩矩的鼻子、丰润的双颊、小而可爱的唇、纤细的眉毛、眼角微翘的单凤眼，这种长相给人一种顺从的感觉，这也就是传统的韩国美人形象。

但现在呢？被称为美人的形象，与过去传统的美人是截然不同了。现在是拥有挺尖的鼻梁、红润的嘴唇、扁平的额头、大大的眼睛、小小的脸、纤瘦的体型的女性被称为美人。这个对美的标准改变，很明显地可以看出是受西方的美人标准所影响，不知不觉地，不仅是眼界的大小改变了，更因为大家习惯了用西方人的眼光来评断美，这个观点也很直接地反映到我们的生活上，也许这是因为世界已经成为一个地球村的年代，所以人们也已经不分东西，逐渐成为一体化。

美人比例1：1：5

在韩国美人标准中，变化最大的是脸的大小，脸部的宽度和长度的比例，比过去的传统美人缩小了许多，现在的美人是以1：1：5比例的瘦长脸型为主，另外在生活上，比起以前也来得简单而西化，这显现出人们生活形态的不同，也随之带来一个人的外表和个性上的不同。

举例来说，韩国的选美小姐大赛，美人的选拔标准随着社会的变化，人们的眼光也跟着改变，但对于西方来说，拥有维纳斯般的形象条件才符合美的标准，这是众所周知的事情，但对我们东方人来说，若以维纳斯的美作为标准是相当不符实际的。

维纳斯的轮廓拥有一般西方人认为美丽的均衡值，而我们呢，却是将现在的西方人作为我们美的标准，渴望着自己像他们一样。西方人通常不太在意别人的眼光，总是以自己所具有的条件为基础，从中设法找出一种平衡感。相反的，对东方人来说，尤其是韩国人，却无视于自己所拥有的骨架和遗传体质，只是一味地想去模仿西方标准，甚至于在对自己的状态不是很了解的情况下，不惜冒着生命危险尝试用整形手术来改变自己，像这样，由于西方文明的东入而盲目地崇尚西方人的外貌，这一点不免让人心中冒冷汗。

从这一点可看出来，我们的价值观、标准观甚至理想意念都被西方国家物质万能主义所影响，沉醉于过度的物质化和高级化外象而迷失了自我。被个人主义和金钱主义所渲染的社会，让我们不清楚自己真正要的美是什么，从而无法做出正确的判断，只好将所有标准都定在外在美的基础上，其实整个过程中，真正受害最大的还是女性本身。

女明星的美丽标准正在西化

在过去，对美女的标准是：圆而白的脸，皮肤细致而丰满，单眼皮的丹凤眼，直挺福态微宽的鼻子，加上红红的樱桃小嘴，而身材一定要有细如柳枝的腰，丰满的乳房，及大大的臀，这才符合所谓的端庄优雅、健康丰满的贤妻良母型标准。就以西方标准来说，瘦长的脸具有明显的颧骨轮廓，眼睛要微翘才算是美人。这是因为西方人的骨骼结构和东方人是不同的。但现今从女明星的外形来看，可以说女明星美的标准正在西化。

举例来说，不久前在法国巴黎举行了一场高级服装秀，参加这场服装秀的韩国名模是卢善美、朴二善、宋卿儿，她们就可以说是以西方美的标准来看的东方美女。脸蛋是西方人所喜欢的东方型美人，但身材则是完全的西方型。

从西方人的角度来看韩国美女，脸蛋应具有"民族特色"的骨感，的确，西方人和东方人的审美观是不同的。具有西方人的身材搭配东方人的脸蛋，这类型模特儿受到西方人的喜爱，是因为在西方的服装界里较为稀有的缘故。一般来说，包含韩国在内的东方人，比较注重脸蛋上的眼睛、鼻子、嘴等五官，然而西方人则注重颧骨和下巴、肩膀等人体骨骼的线条。

我个人认为，真正的美女是要能够充分展现自己独特的个性和魅力，具有充满活力去面对生活挑战的态度，这样才能塑造出美丽的成功女性，这才是真正的女性美。

在韩国现代史上，美人的标准是不断地在改变，从女明星受大众喜爱的程度就可以看出当时一般人对美的标准与尺度。因此借着这个机会举出几个韩国具代表性的女星的例子，看看她们以怎样的面貌吸引了大众的心。

清纯美的代名词——尹静姬

清雅的脸蛋，敏锐而又感性，如同清纯气质的代名词，怎么看都很新鲜并兼具知性美，她是20世纪60至70年代男性所喜欢的具有端庄贤淑的古典型美人。

纯真美的代名词——丁允姬

清纯可爱的美人型，她那清澈的大眼睛被形容为"惹人怜爱的鹿眼"，20世纪70至80年代在影视圈得到了很高的评价，水汪汪的大眼睛和细白的皮肤，被称为纯真美的代名词，深深掳获了韩国男人的心。

古典美和现代美的调和——张美姬

具有古典美和现代美的综合体美女，独特的嗓音，同时可演出颓废美和知性美，在20世纪80年代与丁允姬、俞知仁共称三大美女。

都会美的代表——俞知仁

20世纪80年代具有都会美且在当时是少数具有大学学历的女星，她开启了女性演艺人员的高学历时代，她常饰演勇于表达自己而且活泼俏丽的大学生。

女性魅力的代名词——李美淑

已经年过45了，但还很活跃在舞台上的演技派演员，她具有各种不同面貌，不仅具有演技实力，更擅长挑选适合自己的角色，所以虽然上了年纪，依然被大家认为是很具有女性魅力的演员。

花瓶型美女——黄信慧

20世纪90年代是她的黄金时代，她拥有完美的外表，被大家称之为"花瓶型美女"。但她除了漂亮之外，总是被人批评演技不佳，可是从前几年起，开始表现出演技实力后，角色的选择幅度也大幅增加了。

健康美人型——金慧修

出道以来就以清纯开朗的形象受人瞩目，中等的身材，看起来颇为健康的形象，因而得到健康美人的称赞。20世纪90年代起，一直深受大众的喜爱，最近在演技上展现出颓废的性感美，让她的演技实力更受到肯定。

干净的形象——高贤晶

她是20世纪90年代具有干净清纯气质的代表人物，但在声势最旺的时候，宣布结婚的同时也退出演艺圈。最近她离婚后复出演艺圈，还是深受大众的喜爱。

端庄典雅型——沈银荷

典型的东方美人，从20世纪90年代起受到很多人的瞩目，端庄典雅而干净的形象再加上演技实力，一切都受到肯定。过去对女星的私生活尺度要求严谨，但这随着时代的变化也逐渐放宽，她算是其中的一个受惠者，2005年的秋天，她宣布结婚的同时也退出了演艺圈。

清纯而性感型——全智贤

同时兼具清纯和性感的脸蛋，受到全国人民的好感，几年下来人气度遥遥领先，她兼具东西方的美感，在中国大陆也很受欢迎。

充满自信的新世代美人——高素英

代表20世纪90年代的女星之一,她拥有新世代的活泼和勇气,反映出具有个人主义的形象。

直率活泼的完美女人——金喜善

有点冷冷的感觉,但却深具魅力,由整形外科医师票选为"最完美的女人",是从20世纪90年代到现在一直都很吃得开的新生代最高女星,也是韩流的主角。对于女星来说,最容易受到影响的恋爱八卦,不管真假与否,总是引起一番骚动,但她总是坦荡面对,呈现出新生代的坦荡与直率,更获得了年轻族群的喜爱。

上列所谈几个女明星的特征,都因具有符合当代需求的外表和个性,在受到大众的肯定之后,开始浮上台面。她们也借着这样的机会,充分发挥出自己的优点,并克服极限而拥有了成功。可见,只要符合一般人的美丽标准,又能体现当代大众的意识形态,这样的女明星就能脱颖而出,成为明日之星。

游戏规则 女人来定 026
THE POWER OF WOMAN

―― Wisdom Talking For Woman ――
给女人的箴言

美有如夏天的水果,容易腐烂且不持久。
　　　　　　　　　　　　　　　――培根

第二章

三顺的魅力 转变的魔力

——韩剧中女性角色大解析

游戏规则女人来定

韩剧角色大分析

在电视剧里，女人的人生和社会形象以韩国金融风暴时期为起点到2003年前半年为止，又呈现出保守化的现象，不仅是女性形象的保守，更是给整体社会环境氛围带来保守的色彩……

随着女权运动的发展，女性地位不断地提升，增进男女平等关系的观念需要改进的部分有哪些，是视情况的不同而有不同思考，当然随着看法的不同，女性要争取的权利也越来越多样化。

如果说女权主义者所关心的是，社会体系整体改造所需要的言论沟通与媒体研究，而女权伸张的过程是怎样形成而又将如何去贯彻执行，更是非常重要的问题。

有关大众媒体的女性研究内容，通常采取自由主义的女权主义和社会主义的女权主义。采取自由主义女权的媒体分析，主要依赖于量方面的内容，且偏重研究如何去表达女性和女性的形象，也就是研究在电视和杂志、报纸、书本等上会出现怎样类型的女性。但就以客观来看，明明描述的和男性同等，但总是呈现出不确定或者歪曲的形象，这应该是来自于大众媒体的制作阵容所持有的偏见。

所以自由主义的女权主义者，不仅要找出对策，同时也要充分了解媒体从事者的观念、态度、情绪等，而让更多的女性加入媒体产业的行列。

各种大众媒体中，尤其是电视剧，最能写实地反映出时代的变化和我们的生活实况。随着时代变化，女性的职业也在变化，意识形态也在改变，因而在电视剧中各种角色的人生也跟着在改变，所以电视剧会赤裸裸地呈现出当时的社会情况。

从电视里发现你是谁

在电视剧里，女人的人生和社会形象以韩国金融风暴时期为起点到2003年前半年为止，又呈现出保守化的现象，不仅是女性形象的保守，更是给整体社会环境氛围带来保守的色彩。就以家族为主题的电视剧来说，具有牺牲精神且坚韧不拔的传统女性，又开始受到崭新的瞩目。强烈主张自我的新生代女性，不惜抛家弃子追求自己的爱情并与传统伦理誓死抵抗，这种进步的女性形象在电视剧里逐渐又变为保守而传统坚韧的女性形象。

晨间连续剧《妈妈的女儿》内容是描述一个单亲妈妈以擦皮鞋维生抚养子女而让子女功成名就的故事，据说这是实际发生在首尔锺路区好莱坞电影院旁，一位以擦皮鞋为业生活了三十年的婆婆的真实故事。

连续剧《六姊妹》内容也是描述一个三十多岁的单亲妈妈，以卖年糕维生，抚养六个小孩子长大，从不怨天尤人，担受挫折也不气馁，呈现出坚忍的母爱光辉。

周末连续剧《我爱你》内容是在全家七口都是女人的家庭里，母亲是一家之主，年轻守寡，一面抚养三个女儿，一面还要照顾婆婆和有自闭症的小姑，以及不断惹祸的娘家母亲，以经营一家药局来维持全家的生计，简直是如同超人般的角色。

随着整体经济不景气的危机状况，传统的母亲形象和具有牺牲精神的姊妹形象，以及坚忍具有责任感的长女形象，又开始复活了。《六姊妹》中的长女淑姬虽然是优等生，但为了弟妹而中断了学业到工厂去工作。在《长女》和《母爱像江河》中的长女，也是牺牲了自己而扮演妈妈的角色。

但从2005年起，因应时代的变化而反映出这时代最普遍的女性形象——电视剧中呈现的女性形象又开始改变了，描写女性的人生和爱情的故事，纯为女性制作而且以女性为中心的电视剧又开始受到女性们的喜爱。

恶女大受欢迎？

在剧中的女性角色，其恶行的程度，不免有夸张的成分，但自从女性正式地参与社会之后，"若要成功就要以身体为手段，或要成为女战士"的这种不合情理的内容，也直接反映到了电视剧里……

从2002年后半年起，每晚播出的连续剧里出现的女性角色形象，不再是过去千篇一律的"善良女子"类型了，像收视率创新高的《背叛爱情》和《黄金马车》里的人物特色，与之前已经有非常明显的不同。

这些电视剧里的女主角形象，都明确地表达自己的主张，甚至会做出特别的行为举止，但是不同于以往，观众群对于这样的女性很能了解而且同情，这是因为剧中女主角的价值观反映出了大众的价值观。

所以"善女对恶女"的极明显对比结构，成为一套公式，目的是让剧情的张力呈现出极大化。

乐当坏女人

随着时代的变化,过去"恶女就是坏女"的公式被瓦解的同时,也摆脱了男人为主的权威,这提供了机会,因而呈现出自我意识强烈的现代女性。

《黑豆和红豆》故事中的红豆姑娘(黑豆姑娘的继母和姊妹们),《白雪公主》里的继母,她们的共同点都是欺负善良女主角的恶女,这种善恶的对比结构,在民间故事或电视剧中,从古至今都是以不变的公式被常常拿来利用。将"恶女"夸大化的善恶结构,常常使人有一种爽快的纾解感,像韩国电视剧史上最高的"恶女"是张喜宾,她是朝鲜最厉害的妖妇,她使出浑身解数要欺负仁贤皇后,是历史上的实际人物,常常被作为电影和电视剧里题材使用,以张喜宾为题材的作品居然多达五部电视剧、两部电影,可见电视剧和电影的制作人,对于"恶女"张喜宾的喜爱程度。

耐人寻味的是明明是一个"恶女"的角色,但是张喜宾总是受到大众的关注和喜爱,张喜宾所代表的积极形象,也是反映出现代女性想要追求的女性形象。

这种风潮在其他的电视剧中也反映出来,为了要呈现出20

世纪90年代女性在社会上的权威形象，将职场女性描写为"恶女"的故事不断地涌出。

像《Mr.Q》的女主角宋允儿、《西红柿》的女主角金志英、《女性的全部》的女主角金素燕、《守护天使》的女主角金志英等，这些"恶女"角色都是挑选演技派女演员来饰演，并获取观众的喜爱和共鸣。

剧情中，她们都从事专业工作并具有才干，常常在一个工作场所与她的下属女职员竞争，被描写为喜欢陷害"善良女子"也会欺负人的"恶女"，但她们争取工作的同时也想要争取爱情，总希望自己是完美主义，并把一个男人放中间，与善良女子建立竞争关系。

所以在男人面前很爱表现出温柔体贴，但在竞争者的"善良女子"面前，则表现出一副强悍的女战士形象，像这样"恶女"形象是在20世纪90年代的电视剧里才开始出现，跟20世纪70至80年代有所不同。

使坏，不一定是罪恶

在剧中的女性角色，其恶行的程度，不免有夸张的成分，但自从女性正式地参与社会之后，"若要成功就要以身体为手段，或要成为女战士"的这种不合情理的内容，也直接反映到了电视

游戏规则 女人来定
THE POWER OF WOMAN

剧里,从 2000 年起出现在电视剧中的"恶女",通常都是执著于金钱和权力。这些电视剧中的"恶女",有精打细算下接近大企业的接班人的《Loving you》的李有莉,为了摆脱贫穷而伪装有钱人的孙女、并搞一些手段的《玻璃鞋》的金敏善,为了得到名利富贵而不择手段的《窈窕淑女》的金喜善。

除此之外,《开朗少女成功记》的韩恩晶和《竞争者》的金敏贞等在忌妒心作祟下,不惜成为"恶女"而争取自己的爱情,其精湛的演技,令人激赏,还有就是《女人天下》的陶知远和姜秀燕,她们的厉害程度及一副"狠毒女子"的面貌,甚至到了恐怖的地步。

《背叛爱情》中的张瑞姬,为了报复父亲为女人而舍弃家庭,于是设计出一连串的圈套,那充满怨恨的眼神和哭泣、叫喊等表现出的精湛演技,使该电视剧的收视率飙到最高点,随着电视剧的成功,女主角本人也一举成名。

若要扮演天使的角色,就要有温和的微笑和善良的眼光,若要扮演"恶女",也要有相对的表情,卑劣的微笑、充满怨恨的眼神、狂烈的愤怒以及令人寒颤的言辞,这都是"恶女"应该具备的条件。

21 世纪观看"恶女"的观众,他们并不完全是以冷眼相待。相对地,演员也感受到"恶女"的角色是众所关注的人物,甚至极力争取这个角色,也许是她们认为,与其饰演平凡的角色,不如饰演个性分明的角色,可以在观众脑海里留下深刻印象,并也有一跃成为大明星的机会。

　　像这样，观众的认知度改变了很多，现代的社会光是一个善良的女子是无法让人喜爱的，女性们反而向往，勇敢开拓自己人生的"恶女"的人生。所以电视剧里的"恶女"，已经不再是恶女了。欺负一个看起来很善良的角色，或是表现出恐怖、卑劣的眼神，以不服从的个性而成为一个"坏女子"的时代已经结束了。生活在现代的女性，希望自己是一个勇于追求自我的恶女，而在工作或爱情上，都能够展现出一副勇敢的态度。

Wisdom Talking For Woman
给女人的箴言

幸福的真正名字是"满足"。
　　　　　　　　　　　——阿米艾尔

游戏规则 女人来定

THE POWER OF WOMAN

韩剧女角学问大

> 电视剧的剧情一贯都是这样的走向，这其实也是在以男性为主的传统观念下，根深蒂固的男性中心思考方式……

整体地说，电视剧中的女性角色大体来说有两个类型，一类是家庭里的太太、妈妈、女儿、媳妇、恋人等私人角色，另一类是社会人士或职业女性等公共角色。

电视剧中的女性，总是在工作和家庭的两种价值中烦恼，其外围的人物，则对女主角的行为思考，加以定罪或批评，电视剧的剧情一贯都是这样的走向，这其实也是在以男性为主的传统观念下，根深蒂固的男性中心思考方式。

在电视剧里，评断女性的标尺，具体来说有下列几项：

1. 顺从的太太会得到丈夫的疼爱，过度自我主张的女性，会成为问题制造者。

2. 在社会上工作的女性，通常都得到负面评价。

3. 妈妈的角色都以牺牲奉献的形象来描述，对于丈夫和孩子的关心几乎有着病态性的执著和投入，并将此视为一种爱的表征。

4. 有时候妈妈是一个三八而爱慕虚荣的人物。

5. 没有结婚的女儿是不懂事的女人，且在个性上有所缺失。

6. 结婚的女儿是个孝女，也成功地完成了自己的任务。

7. 顺从的媳妇就代表了孝媳，婆家若有不合理的要求，还是要去顺从，不然就是纷争的制造者。

8. 想要实现自我的女性是"恶女"。

9. 像朋友一样很酷而不拘小节的女性，是个没有魅力的女性。

10. 对于职业妇女的描述，只是强调成功的结果而不是奋斗过程。

11. 女性通常喜欢专注于有关私人的事物，而不是自己的职业。

随着这样的标尺，电视剧中描述女性的时候，通常隐藏着固定的传统观念，可以分成下列四种类型——

第一，善良女子类型

电视剧中的多数女性，清一色呈现出善良的特性，就像父权社会体制下已经被调教得对于男性或是家人总是要表现出善良的一面。也就是说，女性们被教育成为以牺牲奉献为最高的价值，需求都是以被动性和懦弱性为前提，要依赖男性而扮演好辅助的角色，才能够找到生命真正的价值与意义这样的固定观念。

由社会学家最早提出"善良女子类型"（The good complex）的概念。这个概念是指，重视自己在他人眼里的形象，想博得众人给予善良女子的赞美而不断压抑自己和牺牲内在欲望的心理状态。

陷入善良女子思考障碍的女性，情愿放弃或是拒绝拥有权力并以男性为主体，这种女性在电视剧中通常是以柔弱顺从的贤妻良母形象来登场，她们的顺从并不是被迫的，而是在父权体制下形成的隐性结果。

所以剧情中的女主角，通常都是由这种善良的女子所担任，她们总是很顺从地维持利他的人际关系，经过各种困难之后，终究会得到幸福。相反的，"坏女子"在人际关系中，总是要巩固自己的位置，通常都被认定为是制造问题的开端者，最终得到破产、离婚等不幸结局而被大家定为罪者。

善良女子类型尤其在性上有所障碍，在男性为中心的社会中，男性通常将自己的财富以家族体系来传承，所以要求女性持有纯洁和贞操，使女性将性生活视为生殖以外，没有任何他想并以此为美德。

男性将精力视为"强壮",而将女性的贞操视为"纯洁",像这种性的双重定义造成在剧情中常常把男性描写成积极进取的人物,相反的女性被描写为消极而依赖的个性。所以通常认为善良女子类型,需要彻底地遵守贞操。

第二,女超人类型

不管自己拥有怎样的能力,为了完整的扮演好职场和贤妻良母的角色,在身体和心理上强迫自己呈现出女超人状态的女性,如果无法将事情做得完美,就会陷入焦虑不安和自责甚至会发病。像这样女超人类型的原因,是来自于男女有别的固定观念。性别区分的固定观念,是从她们相信男女的工作是有所不同而开始的,她们认为男性是属于逻辑而理性的,所以要从事社会上的工作,而女性则属于情绪而柔弱的,所以较适合家里的工作。所以她们认为承担家事是女性的本分,所以不管工作完后再怎么劳累,家事还是要由自己来承担,上班的女性,通常被要求家庭和工作都要兼顾,不仅要扮演一个好太太和好妈妈的角色,也要扮演好职业妇女的角色。

在电视剧中,这样的女性形象在最近呈现得越来越多。过去只是在描述男人为主的社会中,女性所扮演的角色,而现在却是描述在社会活跃工作的女性角色,但在电视剧里到社会工作的女性，只表现出是积极于个人相关问题，对于自己的社会地位，只是当做一种附属物，一心只将得到男性的爱情视为人生的目标，这是最近的电视剧中最常出现的女性形象，总之就是要"不但要外表美丽，也要擅长于家事的完美女性"。

第三，灰姑娘类型

美国的言论家将女性们将内在心理的压抑和不安感纠葛在一起，以至于无法充分发挥创意力和潜在欲望，这种搁置而不能开发的状态叫做"灰姑娘类型"。所以陷入"姑娘障碍"的女性，在心中总想完成某些事情，但在实际要执行的时候，总会因为感觉到恐惧和不安而放弃。

美国言论家认为灰姑娘障碍与大部分女性在家庭教育中被养成是"爸爸的可爱女儿"有关。使女性们的依赖性和自主性之间产生矛盾，而在心理上感到不安。尤其这种思考障碍将女性视为非主体性而是附属性的角色，认为女性只要有美丽的外表和柔顺的态度即可，这种观念在传统而保守的社会下，呈现出更明显的现象。

随着时代的变化，虽然大部分的男性已经可以接受男女平等的观念，但是随着男性本身的需求，还是希望女性是顺从而具依赖性的，就是因为这样的矛盾心理，使得女性认为靠自立去争取成功与"女性本来的面貌"是有所违背的。

所以女性把"成功的人生"和"身为女性才能拥有的幸福"视为不同的东西，其实女性的内心，不断地在渴望成功但对于成就却感到不安，并在内心的压抑下，又要让自己过着依赖性的生活。

这种形态的女性形象在剧情中也常常出现，我们常看到一个平凡的女性，遇到有钱又很帅的男人而麻雀变凤凰的故事，她们不是透过自己的努力而是由选择的男人或是借助于他们的力量来达到成功（不管这是属于社会或是家庭）。所以大多数的剧情是以男女之间的爱情或结婚为题材，最后以大团圆结局的架构图来呈现。

第四，外貌协会类型

到现在为止，社会观念一直以外表来判断女性，所以以貌取人的观念使女性误以为，人生中最重要的就是外貌。所以会以自己所追求的美丽对象为目标，不断的让自己去追求改变，在这样的过程中，一个不小心，就会将外表上的心理负担转换成悲观的心态，让自己失去了自尊，这就是外貌障碍。

换句话说，女性的外貌障碍会阻碍女性在社会上以积极正面的态度实现主体性的自我，而以自我贬低的方式让自己成为男性附属品，而形成一个顺从依赖的自我。

"为什么出现在剧情中的女主角，每一个都拥有美丽的外表和苗条的身材呢？"每次看到剧情的人都会有这种感觉。剧情中出现的人物，会让观众有错误的认知，认为女性就是要年轻漂亮且身材要好，甚至在剧情中扮演丑陋而没有魅力的女子，也是由漂亮的演员去饰演这个角色。

强调女性外表的观念来自于传统的社会观念，这会使女性成为一个被动而无法自主的角色，以貌取人的观念，这不是女性的自主性表达，这是来自于内心中渴望以美丽外表取悦男人的欲望。

女性的外貌障碍，自从进入资本主义时代之后，架构成为正式化的女性压抑观念，以商品为经济原理所支配的资本主义社会里，决定女性价值高低与否的依然是外貌障碍，资本势力利用这种女性的外貌障碍与女性需求结合在一起，创造出庞大的"美"的相关产业，由此又形成更大的女性压抑机制。

资本主义和大众媒体的结合，又将女性塑造为性的对象，把女性堕落为"性爱的道具"，强化了想要追求性感外表的意图。所以在剧情中，许多女主角很能干的从事专业工作，却具有美丽性感的身材，而将生命最大的目标设定在争夺男人的爱情上，这也好像是在强调女性的自我实现需架构在以男性为前提的机制内。

韩剧改变男女关系

剧情中，具有才干而积极进取的新生代女性，在承受许多的压力和挫折的同时，不屈不挠坚强的经营自己的人生，而受到广大女性观众的回响……

1997年在MBC播放的电视剧《预感》，剧情是以女性主管的化妆品公司为背景，剧情是探讨新生代的想法和他们的烦恼。该剧以其生活故事、崭新的感觉和语言表达等，深受年轻观众的认同而达到高收视率。

剧情中，具有才干而积极进取的新生代女性，在承受许多的压力和挫折的同时，不屈不挠坚强的经营自己的人生，而受到广大女性观众的回响。剧情中呈现的年轻女主角的特色，也可以说是现实社会中的写实描述，或许也是媒体本身想要创造出的年轻女性的新典范。

看韩剧，女性会成长

生活在现今社会的我们，每天都在媒体的影响中过日子。媒体传播产业越趋发达后，不仅随时随地可接触到大众传播媒体，而且接触的时间也越来越长，加上媒体能提供各种功能，大家就越来越依赖媒体，这因为我们大部分的观念是来自于大众媒体，所以媒体传播已经成为我们认识这个世界的重要媒介体。超越短暂的感觉体验，朝向宏观的远景等感受也都是由媒体所带来的，像这样大众媒体的角色越来越重要的现况下，大众媒体是如何处理女性和女性问题呢？

最近几年来，女性运动热潮突起，我们的文化所象征的女性形象，急速的面对一个很大的转换期，尤其是新生代或 X 世代浮现为社会的一大势力后，代表年轻族群的思考方式、感觉和生活态度等的"新男性形象"和"新女性形象"或是"新的男女关系"，在大众文化中都被突显地描述。

这样的文化现象，自从受到高等教育的年轻女性观众成为文化产业的主要受众之后，年轻的上班女性和女大学生，以及属于新的流行语"Missy 族群"的年轻主妇等形象，又开始在各电视剧中不断地出现。

就像是电视剧里的女性形象透过历史的过程变化而来，随着今日社会的变化，电视剧里登场的女性也与过去的类型有天壤之别。

首先，随着离婚率增加而使家庭形态呈现多样化，以及许多的女性加入工作行列而参与社会活动，工作和家庭以及其女性关系在电视剧中也是颇具意味的产生变化。身为一个女性而扮演女性的角色在社会上意味的是什么，顺应这个时代的新女性形象应该是怎样的，这许多种的见解，在反映出我们生活形态的电视剧中，与过去传统的见解有所对立而在抗争。

所以现在电视剧里所标榜的新女性形象，通常都会颠覆传统的固有观念，像其他的大众人物一样，电视剧也是在社会的位阶性权力结构下，将某些社会集团以及社会议题、制度等体系化且反复的重新呈现。

剧情里的对话中所标榜的崭新（反对以男人为主的思想）女性形象，或是剧情内容中所隐藏的进步性议题，就以我们社会上女性被支配性的现状来看，还是让人质疑。一般认为电视可将，我们社会里的混沌和矛盾单纯化，对于社会上紧迫性的议题，提供出思考空间以便找出解决对策。

换句话说，电视剧中怎样表达出这时代的新女性形象，或用怎样的样貌去呈现其中的意义，透过这些议题来将其现实化才是最重要的，所以可以说这是借由电视剧来重新架构出传统观念的一种实践行为。

游戏规则 女人来定
THE POWER OF WOMAN

灰姑娘在派对中？

这些剧情中的女主角共同特征是每一个都很独立，哪怕是摔一跤也只是受伤，还是像不倒翁一样勇敢地站起来，露出开朗的笑容……

"任谁都会幻想一次的美丽爱情"，这是电视剧中最常使用的题材，电视剧中的女主角，生活在一般观众所梦想的生活里，使观众得到一种补偿性的满足感。其中，在困难的环境中遇到了白马王子，而享受爱情过着幸福日子的灰姑娘故事，是女性观众最喜欢的题材，几乎成为"灰姑娘症候群"的观众们，一直期待着这种补偿性满足，而电视剧或电影也不断地出现此类题材。

现代灰姑娘模式

但是灰姑娘的形象并不是一直不变的，最近出现的灰姑娘形象，开始反映出现代女性的形象也在改变。只会牺牲奉献而被男人拖着走的样子若被称为过去的灰姑娘形象，那么为了爬上巅峰而逐步规划的过程以及遇到任何事情也不屈服的勇敢态度，可称为现代的灰姑娘形象。

代表性的现代版灰姑娘，在电视剧的女主角有《在你怀里寻找爱情》的辛爱罗、《星星在我怀里》的崔真实、《浪漫满屋》的宋慧乔、《巴黎恋人》的金晶恩、《背叛爱情》的张瑞姬等，她们都与企业家第二、三代相恋而成功并获得了富贵和爱情。

在20世纪90年代播放的《在你怀里寻找爱情》剧中的李珍珠，同时具有女性的温柔和天真形象，其外柔内刚的表现，也反映出当代的女性形象而充分表现出灰姑娘的形象。《星星在我怀里》的主角小燕，本来是个默默无名的孤儿，但是有勇敢的态度和温柔善良的心，像是个糖果般的女孩，剧情中描绘出一个聪明开朗的女孩，克服万难后，工作和爱情都得到了圆满结果。小燕这个角色不但超越了单纯的明星形象，也提供了这时代所期待的女性形象。

在MBC电视剧《灰姑娘》里的"灰姑娘"也克服了姊姊的阻挠而得到了爱情，《背叛爱情》里的雅梨莹，为了报复父亲而

游戏规则 女人来定
THE POWER OF WOMAN

历经千辛万苦，但是逐一实现了自己所订的计划，最后也抓到了爱情，这也是一个最新版灰姑娘形态。

《背叛爱情》里带挑战性的灰姑娘的形态，深得主妇观众群的喜爱。剧情中的女主角，自己选择了自己所要的白马王子，而且靠着自己的双手找到了玻璃鞋，呈现出与过去的灰姑娘迥然不同的形态。

最近透过电视剧更可以看到焕然一新的灰姑娘样貌。《大长今》《想要结婚的女人》《金小姐创造十亿黄金》《巴黎恋人》《浪漫满屋》《皇太子之恋》等的故事剧情中，都可以看到在最近几年以崭新形态重新诞生的灰姑娘版本。

这些剧情中的女主角共同特征是每一个都很独立，哪怕是摔一跤也只是受伤，还是像不倒翁一样勇敢的站起来，露出开朗的笑容。

要有男人伸出手才会站起来，跌倒之后就以哀伤的表情灰心丧气的传统型灰姑娘，已经不适合21世纪了。

苦情女主角不再

2004年的夏天，横扫全国的观众而形成一股社会风气的连续剧《巴黎恋人》，讲述了企业家第二代韩启柱和江苔玲的爱情故事。金晶恩的精堪演技，在悲伤的离别场面让人为之所动。在困难的环境下，不忘为自己加油打气，勇敢迎战的江苔玲式灰姑娘，表现出最活泼的灰姑娘新样貌。

《灰姑娘》是法国的童话作家夏尔·佩罗（Sharole Pero）在1697年的著作，原作是称为"被灰尘覆盖的女孩"。1949年由迪斯尼公司制作成卡通影片后，灰姑娘的主题在全世界的电影和电视中，展现出强大的威力。

这是因为弱者胜利的题材，在传达出人类胜利的基本感动之外，故事本身也有吸引力所致。尤其在夏天，内容单纯而没有负担的喜剧性戏剧当红，所以灰姑娘也被当做广为使用的题材。

再加上整个社会的经济不景气，每一家电视台都有类似剧情的灰姑娘故事连续剧。

当人们在吃饱喝足时，对于胜利的故事，不会引起很大的共鸣。但在不景气的情形越来越严重时，就会产生想要脱离现实的欲望。生存环境越趋困难，就越想寻找可逃避现实的幻想架构或戏剧。透过甜美故事，让自己暂时忘记现实中的苦境。

没有一个女性会认为灰姑娘的故事是自己的故事。大家都知道这是在现实中不可能发生的事情，女性们在看待这种故事的时候，只是带着有趣的心，让自己感染一下快乐的情绪。

在每个人都要成为主角的个人主义时代，若要让自己的人生有一番新的改变，或要由自己去创造人生，这是件越来越艰难的事情，虽然灰姑娘的故事不失为一个救援方法，但现在的灰姑娘是一个非常自主的人，与过去的灰姑娘有着非常大的差别。

所以在剧情中的灰姑娘，也是摆脱了过去顺从形象的女主角。所要表达的是，在维持平衡人际关系的同时，自我独立的主张自己，去勇敢面对生活的魅力新女性形象。

过去的灰姑娘故事已经没有说服力了。具有开朗积极的性格并勇敢抓住幸福的灰姑娘故事，才能透过剧情，在这枯燥无味的时代里，让人获取一些甜蜜的美梦。这就是为什么电视剧里不断呈现出现代版的新型灰姑娘故事。

童话角色不流行

2004年，自从《巴黎恋人》和《巴厘岛的故事》《浪漫满屋》、《皇太子之初恋》等电视剧开始播放之后，这些电视剧都是在叙述一个平凡的女性，偶然遇见了企业家第二代或是大明星而坠入"特别恋情"的爱情故事，几乎可说是灰姑娘的全盛时代。

但是到了2005年的电视剧中，就很难寻找这类型的女性形象，又开始建立起了扎扎实实脚踏实地站起来，积极面对人生的女主角形象。

我的家人和我自己追看的女性为主角的SBS的电视剧《不良主妇》或是MBC电视剧《美丽人生》就是这样的例子。《不良主妇》剧中由辛爱罗演绎的崔美娜，和《美丽人生》剧中，由柳真所演绎的郑世珍，她们所处的环境和灰姑娘的故事完全相反。崔美娜的先生遭到公司解雇之后，崔美娜亲自出外找寻工作，为了照顾一家人的生计，再大的困难也要克服。郑世珍也是一样，剧情里的她表现出不输男人的坚强意志。在一个不小心的情况下，未婚怀孕的她，勇敢的将孩子生下来后独立抚养，比起那不负责任的先生，勇于承担责任的态度令人佩服。

KBS的《十八、二十九》是描述一个电影明星的平凡太太的故事，由朴先英所演的女主角惠灿，为了追求成为剧本作家的梦想，高喊："我的人生是属于我的！"并踏出人生的道路。

KBS的历史剧《海神》里由蔡时罗扮演的慈美夫人和秀爱所扮演的晶华，还有SBS的《土地》里金贤珠所扮演的崔瑞姬，都是在许多男性的势力围绕之下，不屈不挠地坚守自己的岗位。

不管使用怎样的方法，用积极的态度开创人生的她们，代表了越来越多的超强女性的新面貌。

在MBC播放的《新入社员》里，为了寻找自己的贵人，为提升身份而不择手段的是男方——由吴志浩所演的李奉三，而不是女主角李美玉。遭到李奉三的遗弃之后，美玉还是为了生活坚强地在公司上班，后来遇到了一个新的男人，像李奉三这样的男人讲好听是个大企业的首席新入社员，其实是个游手好闲的大骗子。

像这样剧情中的女主角，都是靠自己的双手去寻找幸福。不

游戏规则 女人来定
THE POWER OF WOMAN

会依赖于"有钱的男人",为了保护自己的爱情、家人和自我,由自己作选择而且自己行动。最近的女主角不再像是丢了一只玻璃鞋后,等着王子来临的"灰姑娘",更像是在自己所处的环境下奋战而寻找出自己真正生命意义的"人鱼公主"。

但是她们真的能代表女性朋友所追求的自我独立的女性典范吗。虽然这样,但在剧情中大量登场不再追求美梦般的幸运,而是靠着自己的实力去寻找幸福的女性,这表示现在的社会已向女性开启了的门户。这对于观众来说或是对于拥有社会工作的女性朋友来说,都可以说是一件喜事。

Wisdom Talking For Woman

给女人的箴言

恋爱使人忘记时间,时间使人忘记恋爱。

——法国俗谚

颠覆传统，三顺反攻

金三顺的这个角色，超越了以往的固定形象，没有结婚而不知所措的老处女、对于结婚有所偏见的忌妒女、需具美貌和财富的职场女等的女人形象……

在 2005 年受到最大回响的连续剧，还是归属于 MBC 电视台播放的《我叫金三顺》。这个连续剧受到广大观众群和媒体批评团体的称赞，认为金三顺的这个角色在剧情中所呈现的个性，一方面提供出最佳的理想女性典范，也让大家对于女性的形象有了新的认识。

剧中的金三顺高中毕业，年龄 30 岁，拥有超过 60 公斤身材的老处女，名字虽然很土俗，但在爱情和工作上都是很诚实而勇敢的女性。在过去的电视剧里常看到一些在三角关系中显出优柔寡断的女性。但是金三顺面对变心的男朋友，没有给予原谅，但也不纠缠。对于新恋人的爱情，也是表现出明确的态度。就像是所有女性的期望，金三顺也在期望着美丽的爱情，但她对于把爱情视为游戏的男人，完全不客气。

超越以往的三顺

金三顺的这个角色超越了以往的固定形象，如没有结婚而不知所措的老处女、对于结婚有所偏见的忌妒女、需具美貌和财富的职场女等的女人形象。突破这种固定观念，执著于爱情和减肥却总是失败的邻家老处女，让观众朋友们觉得亲切和自然。

男性优越主义总认为女孩子就是要年轻漂亮，对于这种结婚文化上的现实观念和社会观念里，金三顺的态度是"难道男人就不会老吗？""顶着一个啤酒肚去寻找幼齿女孩，这难道不是件悲哀的事吗？"这样的台词让许多女性朋友感到痛快，就像给大韩民国的男性挥出了痛快的一拳。

金三顺对于金钱和爱情并没有很执著，她所重视的是工作价值，是一个积极正面的女性，这就是《我叫金三顺》与其他电视剧不同的地方。

首先这部电视剧的成功也归因于它的台词非常有趣，再加上饰演女主角的金善雅的努力。为了演出肥胖的三顺角色，金善雅将自己的体重增加了6公斤以上。她在饰演失恋后悲哀的神情时，真实的演出整张脸哭得被睫毛膏弄脏的脸，并呈现出入睡的时候也以没有化妆的真实面孔。

其实这本来就是理所当然的。肥胖的角色就需要胖的女演员。大哭的时候，本来就会把化妆的脸弄乱，睡觉的时候大家也都会把脸上的妆卸掉才去睡。

不作花瓶，戏路更广

但是过去的女演员没有遵守这样的一般常识。她们接受记者采访的时候，都会一致地说："我希望以演技取胜而不是靠外表。"这样像鹦鹉般的台词，但是却没有人去实行。

她们不管饰演怎样的角色，心中总是强迫自己要表现出最美的样子，所以在饰演贫穷的角色时，还是会穿着名牌衣物，在睡觉的场面也是涂着睫毛膏、擦着口红躺在床上。

所以2005年的电视剧《我叫金三顺》的成功所象征的是坦诚而勇敢的女性获胜。尤其三顺这个角色深受女性观众群的热爱，这其实有很大的意义。说不定观众们早已厌倦于观看那些在现实中不太会存在的虚假女主角。

所以在《我叫金三顺》演完之后，在SBS播放的《露露公主》会失败是理所当然的。观看《露露公主》的观众们是之前狂热于《我叫金三顺》的观众群。金三顺的坦诚与写实性让观众们深深着迷之后，紧接着要看到的是什么呢？如果说《我叫金三顺》在电视剧史上写出了新的历史，《露露公主》就是将电视剧的历史，一下子又往前回溯了几十年。

剧情中，吃完路边的小吃后，露露公主问说："可以用信用卡吗？"这就像是白雪公主丝毫不怀疑继母的阴谋，而说声"谢谢"就把苹果吃下去一样愚蠢。

电视剧的成功和高的收视率不是白白得来的。最近的观众群是个明辨是非而理智的监视人。所以将来若要掳获女性观众群的心而让电视剧成功，起码要遵守《我叫金三顺》的剧作家和演员们所表现的某种程度的原则。

那就是要充分地了解社会和洞察现状，将其写实地表现出来的力量，而演员不要再执著于外表，需要忠实的表演出那个角色。

资深美女，魅力不减

20世纪90年代初期最亮眼的她们，虽然在这十多年的岁月中，并没有成为回忆中的明星而依然在顶尖的位置。而且虽是30岁了，就算扮演20岁的角色也不会觉得有所不妥……

过去有一阵子，女演员会受到结婚与年龄限制的影响而人气下滑。但是到了最近，年龄超过30岁的女演员，带着九十年代的戏剧形象，到了21世纪仍然活跃在电视剧和电影上。

年纪和婚约都不是问题

引起许多话题后随着结婚离开演艺圈的高贤晶（35岁），在离婚的同时复出了演艺圈，又兴起了一振高贤晶旋风，在电视剧和广告上照样恢复了以前的身价。在2004年引起大长今旋风的

游戏规则 女人来定
THE POWER OF WOMAN

李英爱（36岁），在朴灿旭导演的电影《亲切的金子小姐》里，其演技力受到肯定不说，还依然享受顶尖的人气。金惠秀（36岁）也在MBC的电视剧《汉江水故事》以及电影《粉红鞋子》中，一直拥坐顶峰的位置。全道燕（33岁）在2005年所拍的电影《你是我的命运》和电视剧《布拉格的恋人》这两个作品都受到相当的瞩目。李美艳（35岁）也是常常接演国内重要的广告，受到的瞩目不输给20多岁的女演员。严晶华（34岁）在MBC的电视剧《12月的热带夜》之后又拍了一部新的电影《在我人生中最美丽的一周》以及《奥罗拉的公主》后开始出唱片。

出道后已经过了十年岁月的她们，虽然是30岁至40岁年龄层，还是在巅峰屹立不倒。九十年代初期最亮眼的她们，虽然在这十多年的岁月中，并没有成为回忆中的明星而依然在顶尖的位置。而且虽是30岁了，就算扮演20岁的角色也不会觉得有所不妥。

她们为了稳固自己的位置而不断努力。随着自己所付出的努力，也同样得到大众的喜爱和工作上的成就，获取电视圈和电影圈的双赢。尤其韩国电影几乎是抄袭好莱坞的系统，表现出爆发力的男性电影成为了电影产业的中心，所以女演员的世代交替，相较之下更加困难，这就是为什么30岁的女演员仍然拥有宝座的原因之一。

虽然也有孙艺真和何知嫒一样的20岁至30岁年龄层的女演员，但是20岁后半的女演员有所欠缺，所以在这种戏剧性电视剧里，通常会使用30岁的女演员来取代20岁的演员。

谁说男人不怕老

最近看电影或电视剧，会出现"20岁的男演员和30岁的女演员"的公式和"20岁的男演员、30岁的女演员、30岁的男演员"这种三角关系的电视剧公式。

以SBS的电视剧《春日》来说，就是30岁的高贤晶、30岁的池振熙、20岁的赵仁成所形成的架构图。以MBC的电视剧《12月的热带夜》来说，30岁的严晶华、20岁的金南真、30岁的申相宇形成一组。还有SBS的《第二次求婚》中也出现了30岁的吴燕秀、20岁的吴志浩、30岁的金应浩这样的组合，还在剧情中诞生了年龄悬殊的一对恋人。

像这样女演员的寿命越来越延长的同时，"闪烁的明星"一词就开始消失了。由女演员挑选有分量的作品，透过演技让人留下深刻的印象，这样的努力会使大众印象久远，这就是"闪烁的明星"这个词会消失的原因之一。女性的人物特性多样化也是原因之一。

到20世纪80年代为止，影像媒体中的女性，都是只靠脸蛋的芭比娃娃或是可怜而悲情的女主角。而且她们总是在男性的眼光和主导下生活。不仅要漂亮而且要年轻，才能以女主角的身份

游戏规则 女人来定
THE POWER OF WOMAN

存活下来。

但从20世纪90年代到21世纪起,开始将女性的欲望反映到电视画面和电影画面中。女性的个性从清纯可怜的女孩转变为成功的职业女性、富有的已婚女性等各种新的形象。女演员的演艺生涯拉长之后,许多30岁至40岁年龄层的女演员也以新演员的姿态不断出现。

女演员的人生方向改变,对其演技生涯也会造成许多影响。她们的前辈在身价最高时,随着结婚而离开演艺圈。但是最近的30多岁的女演员绝不会在巅峰时来一个结婚,或是离婚之后还是回到演艺圈。她们也努力的试着超越年龄,虽然是30岁也总是以20岁的形象出现。

所以以"女性"为代名词,留存下来的演员中,都可以看出一个共同点,她们都兼具清纯和高尚的感觉。就算演出上流阶层也不会觉得不自然并更具有知性美。可见她们对于自己的管理是相当彻底的,几乎经过含着血泪般的努力。

但是女演员在剧中看起来不会上年纪的原因还有,她们不会尝试去寻找符合自己年龄的角色,而是安于现有的角色。

所以说,虽然有30岁的女演员,但是能够演出30岁的演员却很少。要同时具备这各项要素,是电视剧制作所面对的苦衷。也就是说需求和供应都很短缺是电视剧制作的实情。可见女演员有待勇敢地面对挑战。

展现另一种美

女演员中，有人光是以广告来维生而将演技暂时搁置一边。但是从 2004 年到现在，以 30 岁至 40 岁年龄层为对象的作品越来越多，所以 30 多岁的女演员，在演员当中其寿命越来越长而且还算是幸福的一群。靠着人为的努力，让自己的年龄比实际还要年轻，也是种美丽。但是随着岁月的增长，老得自自然然的，相信也是另一种美丽。

年过 40 的李美淑和黄信慧还是依旧美丽。虽然年龄的数字是不小，但是外表看起来不老。这两个女演员打破了韩国电视剧的公式，也就是从剧中年轻的女主角成为阿姨，然后不知不觉成为母亲的韩国女演员的命运。

她们也打破了年龄可以用妈妈和女性代表的二分法。过去在韩国的影像媒体中，妈妈不能代表女性，女性也不能成为母亲。女性的角色总是因为男性的眼光而不能自由，如果身为母亲而同时可以成为女性，就被描述为"恶女"、"怪物"或是"魔女"。

但是 40 岁的主妇李美淑，回到演艺圈后，在电影《情事》中与妹妹的订婚者谈起姐弟恋，在《丑闻》中诱惑亲戚的弟弟，在电视剧《孤独》中也是与年轻男性陷入热恋，又在《爱的共感》中演出哀伤而真情的爱情故事。

黄信慧在电视剧中，以演出"爱人般的太太"角色而与年轻的男性演员相互较劲。电视剧《天生缘分》中演出姐弟恋，之前获得高收视率的《爱人》中，与丈夫以外的男人陷入热恋而淋漓尽致的演出了女主角。

另一方面，目前30岁至40岁年龄层中的长辈，如金喜爱、蔡时罗、崔真实等人，很自然的扮演已婚女人的角色，而她们的演技里甚至带着生活的味道。

金喜爱透过《完全的爱》、《写给父母亲的信》而咸鱼翻身。蔡时罗因为《爱情的条件》、《海神》等连续大卖而获得了很高的人气。还有崔真实也是在之前的《玫瑰和黄豆芽》中演出很自然的主妇角色，但在《玫瑰般的人生》重新复出后，演绎身为癌症患者还要面对劈腿的丈夫，逼真的演技让中年男子为之神魂颠倒。

她们都是透过现实或结婚后的生活，变身为剧中的主妇。她们不会刻意装年轻，而是透过适合年龄的角色，创造出属于自己的世界，而展现出新的女性演员形象。

熟女出头天

最近受欢迎的电视剧里，常常出现意志坚强的已婚妇女。譬如说MBC电视台播放的《加油！金顺》及SBS的《不良主妇》和《爱情需要奇迹》等。从她们的故事里很难找出想要依赖丈夫而对于自己的人生很消极的太太。故事里的女性特色，逐渐变化为积极开拓自我人生的带主体性的形象。

在《不良主妇》的电视剧中，对于女性在工作或家庭两者之间所面对的问题描述得很真实，身为上班女人而勇敢面对工作的女主角态度，深得三四十岁女性观众的共识而颇受好评。

《加油！金顺》的剧情中，韩慧珍所演出的金顺，是一个像不倒翁般的年轻媳妇。小时候就失去双亲，由奶奶抚养长大，但从不显露委屈或孤独的样子。不管受到怎样的责备，遇到任何艰难的事情，不会伤心难过，而是对每件事情都很认真。这部电视剧透过金顺的样子带给观众一种希望，从而收视率突破了30%的高指标。

《爱情需要奇迹》里的金元姬所担任的角色是一个独立抚养儿子的坚强母亲。企业家第二代亲自跑到自家门口也不为之所动，还大声地讲道理。

KBS的《第二次求婚》中吴娟秀所演的主角张美英，面对劈腿的丈夫以离婚收场后，勇敢开拓自己的人生，表现出这个时代坚强的已婚女性的形象。透过《第二次求婚》的剧情，本来在八点档中，女主角必备的三部曲，也就是年轻、漂亮、性感的公式，也因为吴燕树没有化妆的真实脸蛋演出，打破了固有观念。

这与1972年获得最高人气的《旅路》的女主角相比，实在相差太多。

游戏规则　女人来定
THE POWER OF WOMAN

　　《旅路》中的女性形象是表现出三从四德型的贤妻良母，当她们以牺牲忍耐的精神表现出传统女性的典范时，现代女性（或是已婚女性）的典范是标榜"没有男人也可以过得很好"的独立自主的女性精神。

　　从这一点看来，2000年在MBC播放的《已婚女性》，才是一个让女主角转型非常大的电视剧。剧情中女主角吴三淑本来是个被动的太太，后来领悟到自己的重要性，不想再维持虚假的夫妻关系，决定要靠自己的双脚站起来。透过这样的剧情，首次发出了一个信号弹，表示向男性为主的固有秩序，女性正式地递出了挑战书。

　　之后2003年MBC的《邻家女子》以及2005年SBS的《我爱你仇人》，剧情中的已婚女性都直接面对现实而获得社会上的成功，最终得到另一种幸福。这也是像跟男人一样，在面对人生时的自我实现。只要是人类都想要实现一种自我成就的欲望。随着时代的变化，剧情中的已婚女性会转型是理所当然的。但是在现实社会上，还是有许多女性背着传统女性的包袱，宁愿过着被动、轻浮、牺牲的人生。

　　在电视剧中的已婚女性，还是有许多不敢违背其周围环境与批评，不敢面对各方的异色眼光而裹足不前。这些女性朋友们担当着长时期被歪曲的角色，不管是自愿或被迫，都要过着压抑自我的生活。在男人为主的传统观念下，过着被夺取了主体性的人生。

所以在电视剧中，由女性主导去离婚或寻找性方面的权利，这样的描述还是处在极小范围的剧情里。因为到目前为止，还不能让大家共同认为这样的形象是一个正确的女性形象。

游戏规则 女人来定 066
THE POWER OF WOMAN

---Wisdom Talking For Woman---
给女人的箴言

世界上有价值的东西只有爱而已。
——托尔斯泰

第三章

《古墓丽影》的劳拉，走入现实

——谈电影中的女性角色

游戏规则女人来定

游戏规则　女人来定
THE POWER OF WOMAN

电影中的女性角色

自从女性投入社会的情形越来越蓬勃之后，确实带来与过去截然不同的地位，但在初期电影中，女性的形象仍停留在对着摄影机搔首弄姿，展现豪乳或丰臀。其实到现在，女性角色有时仍只是电影里的点缀，虽然比起20世纪80年代时的地位提升许多……

在20世纪70至80年代里，电影中的女性角色，几乎都是因为外貌出众，才能得到尊重。苗条身材和美丽脸蛋很重要，以往在男性的眼光中，女性要矜持、要被动，但是随着时代的变迁，女性的思考意识逐渐改变，20世纪90年代的后期开始，电影中的女人开始展现出诚实勇敢、自在随性的风貌。

到了2000年开始，电影中的女性角色更加活跃，除了不再受制于男性的桎梏，更勇敢开拓新生活，自给自足外，甚至可以在男性当道的商场上挣得一片天，进而影响到现代女性对自身地位的观感。

现在已经是电影观众突破千万的时代，电影已经在我们的生活文化中占据了重要的一环。所以在电影中，女性角色的变化情形如何，已不容忽视。

从 1990 年开始，韩国电影在电影作品本身以及制作组名单、配乐、导演、制作费用、趣味度等方面都有显著的提升，也渐渐受到大众的关心，尤其男艺人演艺成绩的进步更是有目共睹，他们纷纷跃上国际舞台，而相较男艺人的成功，女艺人的变化又是如何呢？

摆脱丰臀豪乳的迷思

自从女性投入社会的情形越来越蓬勃之后，确实带来与过去截然不同的地位，但在初期电影中，女性的形象仍停留在对着摄影机搔首弄姿，展现豪乳或丰臀。其实到现在，女性角色有时仍只是电影里的点缀，虽然比起 20 世纪 80 年代时的地位提升许多，但还是有大多数女性角色，是为电影画面的养眼效果而登场。

既然，女性与男性的地位日渐平等，也开始可以主导自己所参与的角色，但为何看起来还是经常沦为花瓶或配角呢？我想这一点值得探讨。

这是因为现在的电影，还是以男性制作体系为主。从史蒂芬·斯皮尔伯格到拍摄《金刚》的知名导演彼得·杰克逊，电影

游戏规则 女人来定
THE POWER OF WOMAN

界里都只留下男性的名字,电影剧情和形态多数还是以男性为主,可以说是电影的主体依旧是男性,女性所扮演的是极有限的角色,这会使女性在电影里无法表现出特色。

所以许多女性开始质疑,电影中女性本身的实体是什么?为什么电影中的女性角色无法反映出正常的现况,只能以被压抑者或边缘人的形象来描写?

对这种情形,直到21世纪初,女性的疑惑才逐渐在电影里得到纾解。

Wisdom Talking For Woman

给女人的箴言

治疗恋爱病的药多的是,但是却没有一针见效的药。
——罗休夫柯

电影充分反映时代

以前认为，只有男性是神所认定的创造物，这种观念从中世纪就开始流传了。当时，女性虽然比男性优秀，但碍于性别，无法得到正当评价……

最近的电影中开始出现与以往牺牲奉献的形象不同的新女性，她们在各种专业领域里，勇敢地表现自我，开拓属于自己的人生。电台的制作人、广播的主持人、军人、营销负责人、导演、检察官、律师、医生、教授、动物训练师、飞机驾驶、野战指挥官等角色，本来专属于男性的职业，现在可以由女人来胜任，这样的故事情节常出现在生活中，所以在各类戏剧中也开始安排这样女性角色。

最近电影里的女主角分为两种，第一种是跟男性一起加入公司，一样吃苦奋斗，有时表现虽然比男性还要优秀，但因为是女性而无法晋升，甚至于被解雇，但她遭遇不公平的待遇也从不反抗，之后历经千辛万苦终于扬眉吐气后，以前对自己很刻薄的同事开始转而对她阿谀奉承；另外一种女性角色则是身受外形不佳之苦的女主角，借由不断充实自己，将弱势转成优势以弥补这种障碍后，勇敢的争取到工作和爱情，活出积极正面的人生。

制式框架消失吧

以前认为，只有男性是神所认定的创造物，这种观念从中世纪就开始流传了。当时，女性虽然比男性优秀，但碍于性别，无法得到正当评价。女性在自己的领域上虽有卓越的能力，有强韧但温和的领导能力，但女性在精神上受到的严苛训练也不轻，她们在结合了强悍和柔和的世界里，虽然有矛盾和冲突，但依旧强忍着痛苦，展现出美丽的笑容。但也有女人虽无法承受男人的压制，却又无力反抗，只好屈服于镇压，继续在制式的框架里生存。

但是现今这个时代，这种情形已经很少见了，压制女性抗争的时期已经过了，这是因为女性的声音越来越渐响亮，反映到各种层面，而终于在整个社会上呈现出来的结果。牺牲自己只为夫家谨守本分的时代已经过去了，现在的女性懂得走出去寻找真正的自己，在任何领域都能寻找一条新路，并且得到社会肯定。摆脱了受制于男人的旧时期女人形象，靠着自己的力量独立去面对生活，这样的形态已经重新诞生了。

大银幕舞动韩国女权

这时候的韩国电影由于受到美国的影响，开始产生变化，尤其在女性的思维上也引起变化，而这些就据实反映在电影中……

早期在好莱坞电影里的女人形象，通常是商店店员或工厂里的工人那样，存在着一种无力感，总在遇到了有能力的男性之后，女性才可以得到解放。在20世纪30年代的女性代表角色就是金发美女，她们是男性无法驾驭的代表，也是让男性想要拥有的甜蜜女人形象。

相反地，当时的韩国电影中，女性若不是吃苦耐劳而坚守传统美德的女性，就是反叛社会的女性，这现象在女性融入社会受到许多限制的当时，似乎反映出韩国的社会形态。而20世纪40年代的美国电影，已经开始出现女性的力量，电影里描写适应于战争之后的社会，不断贡献自己、努力工作的女性，被遣送回故乡等社会背景，被电影写实地描绘出来。

女权，出现在电影里

而在悬疑片中，常有女性以病弱或残障的形象出现，加强女性为弱者，男性为强者的印象，这样的倾向到了20世纪50年代更加严重，随着电视的出现，经济不景气使女性的地位更加后退，让女性不得不尽全力去面对结婚问题，这时期的女性，想要利用女人形象来克服现实。

这时候的韩国电影由于受到美国的影响，开始产生变化，尤其在女性的思维上也引起变化，而这些就据实反映在电影中。1955年上映的《自由夫人》，对于韩国女人的女性观"顺从的美德"带来了偌大的变革。

《自由夫人》里的女性摆脱了过去的压抑，与有夫之妇坠入爱情，反映出当时的颓废的社会风潮，而造成强烈的冲击，但是韩国社会和电影还是留恋于女性传统形象之忍苦精神的象征——"春香"。

对当时的女性来说，还是将自己的梦想和理想投影在他人、家人、爱人身上，自身则呈现出牺牲的姿态，不会烦恼自身的问题。所以当她们试着要打破男人为主的观念或旧时代思想的架构时，还是受到严重的指责。

到了 20 世纪 60 年代，美国社会展开人权运动，在这些变化中由于女性扮演了主导性的角色，加上教育水平的提升、大学学位的普及、女性参与社会的野心也增强，而避孕药问世更让女性从生育问题中得到了解放，近期更有日渐升高的离婚率，让女性对于结婚的价值观，也开始出现变化。

但是电影并没有反映出这种现象，对于女性的关心仍局限在性关系上。由于这种电影趋势，而使大家的注意力依然集中在性的象征上，最具代表性的莫过于玛丽莲·梦露的走红。

进入 20 世纪 70 年代后，随着电视的普及，戏剧内容更是强调"性"话题，仿佛男性对于女性只是对这些部分感兴趣。

一方面，20 世纪 70 年代的韩国随着经济成长，有了很大的变化。在动摇的社会里，女性依然被迫扮演好旧时代的角色，虽然进入了大都会，但是教育水平和内心的需求提升不足，反而成为了经济成长中的附属品。

随着 20 世纪 70 年代产业化的阴影开始出现后，女性变身为工资低廉的工厂女工、中产阶级的女佣、沦落私娼街的酒女等，因而陷入另一种双重的压抑。当时的女性形象反映在电影里，总是表现出扮演沦落风尘的女主角的悲情，有身份差距的爱情遭到背叛，而且在社会的边缘里，孤零零地在现实中苟延残喘着。

在男人为主的体制下，当时的电影可分为三种类型：描述女性孤独牺牲的电影《泪的小花》；以酒女为主角的电影《星星的故乡》和《打猎海豚》；以清纯形象女大学生为主角的《冬季女子》等。

20世纪60至80年代的电影，虽然摆脱了古典传统的崇高形象，但还是无法完全甩掉过去的典型，换句话说，由于社会经济急速发展，在当时本应该以同等立场加入戏剧的女性角色，并没有出现在电影里，在大屏幕上，女性还是以被男性摆布的形态出现。

女性地位大不同

而到了20世纪90年代，随着社会的急速转变，女性的地位和价值观更大幅度开始变化，电影中也开始反映这种倾向，但是电影产量的膨胀，更将女性的形象局限在性感上，甚至将此作为女性的代表。

另外，随着20世纪90年代的过去，好莱坞电影趋向于娱乐性质浓厚的动作片，在这种电影里更是把焦点放在女性的外在，让女性依旧沦为片中的花瓶。

比方说，出现在《黑客任务》里的女主角，在电影里是强调她的衣服和火辣的身材，以此来刺激男性观众群而使该片在全世界都卖座。同样模式也套用在《古墓丽影》的女战士安吉利娜·朱莉身上,《霹雳娇娃》也是提供华丽且养眼的画面来取代动作,将重点放在女性的体态上而获得成功。

最近的韩国电影,也摆脱了20世纪70至80年代的女性形象,但女性的形象还是以负面居多,并且与现实有一段距离。以突破观众千万而受到瞩目的韩国动作片《太极旗飘扬》为例,片中的女性是在现实中受到伤害而显出柔弱的女性形象;还有《马竹街的残酷史》里的女主角恩珠,也和其他两位主角形成对比,以纯洁的圣女形象和享受欲望的对象,呈现出两种极端的形象;还有在《老男孩》里的女性,也只是被描写为男性泄欲的对象。

Wisdom Talking For Woman
给女人的箴言

结婚前睁大眼睛,结婚后要闭一只眼睛。
——福拉

游戏规则 女人来定 078
THE POWER OF WOMAN

善良女子不流行了

电影里拒绝爱情和婚姻的女性,通常被描述为"恶女"或难以驾驭的"悍妇",像她们这样把工作视为优先的女性,结果总是孤单而悲惨的,这样的形象会让女人产生"善良女子障碍"……

大部分纯情电影里的女性对自己所爱的男性,虽然怀着崇高纯洁的感情,但总是无法摆脱命运的枷锁。女主角为了爱情,可能会放弃自己所想要的人生,或是只好顺着男性所选择的路走下去。这样的结论通常告诉观众,这就是人生中寻找幸福的快捷方式,也是理所当然的定律,这种以幸福结局收场最具代表性的电影,就是《泪的小花》和《破浪而出》。

相反,浪漫喜剧电影里就以可爱的男性和女性为主角,经过几个好笑的桥段后陷入爱情,这种浪漫喜剧电影里的代表有《穿越时空爱上你》中的梅格莱恩,和《麻雀变凤凰》里的茱莉娅·罗伯茨。电影里的女主角在男性的协助下，得到安定的生活，刚开始还有独立坚强的形象，但经过一连串浪漫又好笑的事件后，最终以被抱在男性怀里并相吻的画面作为结束，也是一个大团圆结局。

通俗剧情不讨喜

这两部电影的特征，并不是以女性的观点来谈论女性，而是在传达大部分的女性以得到男性的爱情为生活目标，而女性的命运是隶属于男性，女性若要追求幸福，最重要的就是与男性相爱和结婚。这种古典而通俗的讯息在电影中被传达给观众。

电影里拒绝爱情和婚姻的女性，通常被描述为"恶女"或难以驾驭的"悍妇"，像她们这样把工作视为优先的女性，结果总是孤单而悲惨的，这样的形象会让女人产生"善良女子障碍"，因为自己不是"善良女子"而产生罪恶感，更会认为自己应该要尽到社会大众所认为的"善良女子"道德责任。

然而，这两部电影都将"爱情"的主题，归于女性的巨大热情才能得到美好的结果，而不是以伪装成高尚纯洁的女性才能得到爱情来呈现。爱上一个人不应该归罪于任何一方，而爱情也并不代表一定要以结婚作收场。

恐怖电影中女主角出现的就有多个特征。这并不是要实现女性的独立性，而是透过在多方面来诉说女性属于弱者的一面。在恐怖电影中，女性以被害人的立场可以博得更多的同情，而达到恐怖感极大化的目的。

像是在韩国的恐怖片电影《蔷薇和红莲》、《女校怪谈》、《失去的灵魂》里可以看出来，恐怖片的结局通常是为自己向社会挑战的行为付出代价，而饰演坏角色的女性最后都会迎接死亡，尤其越积极挑战现有体制的女主角，就会死得越惨。

悬疑片也是相同。电影《异形》里的西格尼·韦弗，看起来她的地位和男性几乎平等，但是一般的电影里，女性就像是在《魔戒》里那般，无法成为要角，或是无法影响整部电影的剧情。

换句话说，恐怖片和悬疑片中的女性只是在扮演一个养眼或功能性的角色。但是到了最近，在各种类型的电影里，女性的固定形象透过电影类型的瓦解而逐渐转淡了，随着每个国家固有的传统和文化，开始出现各种类型的女性。

东西女主角大不同

好莱坞的电影对于主题的表现，一直太过极端。但最近那种倾向逐渐缓和了。好莱坞动作片里的女性只是男性英雄主义的辅助角色，和在《世界末日》里的女性，是单纯具有等待男性的形象，而没有实际特色，无法想象出她有任何强悍性。但是在美国式英雄主义和霸权主义的战争片里，女性通常在两个男人之间挣扎，用纯情和感伤来赢得更多的票房。

《魔鬼女大兵》里呈现出对于女性的能力和强韧意志力的肯定，且提出了女性的敌人就是女性自己这一种观点，但没有像是《永不妥协》或《BJ 单身日记》里一样，展现出女性地位惊人的变化。

通常，电影里的女性只是在表现出被男性所制造的形象，以外表和性魅力来获取评价，而不是在男性所支配的世界里，身为社会上的第三者或以边缘人的身份，用女性本身的身份，谈论自己的故事。

女明星在电影里虽然重要，但是报酬始终没有男性高，就算在演技上得到肯定也一样，在其他各方面是几乎无法得到认定的。"女性演员"只是一个单纯的趣味性题材，所以女星上了年纪之后，就连工作机会也会丧失。

另一方面，电影在表现女性角色的时候，经常会出现特定的模式，这在电影"007 系列"中就可以看出。男演员和女演员在电影故事里所占的比例也有差距，在好莱坞电影中掌握剧情主导权的，大多都是男性，而且女性与男性是以不同的方式来拍摄，女性通常是被以各种方式去强调其肉体的魅力，甚至透过照明强调轮廓美，换句话说，好莱坞电影是把女性的样子转化成一个布景，女性不过是被观众观察的艺术品，这样的传统到现在还是没有很大的变化。

游戏规则　女人来定
THE POWER OF WOMAN

　　韩国电影从20世纪70年代起,开始出现变化。陷入停滞期的电影界,自从《星星的故乡》拍摄之后,以陪酒小姐和妓女为题材的电影不断涌出,而电影里的"性"也急速成为商品。

　　电影的潮流也是因为与当时的政治状况迎合,而产生的结果,由于全斗焕政府的3S(Sex, Sports, Screen)政策,使色情电影开始量产,到了20世纪80年代,《埃玛夫人》系列以及《杜鹃鸟也在夜里哭》、《硬汉》、《桑树》等低俗色情片出现,一直到在男人为主的封闭制度下,受压抑的女性与社会伦理正面冲突的剧情片《女人与梧桐》这部社会性色情电影开拍,都是政策导致的结果。

　　九十年代之后,韩国的电影开始细分,清楚呈现出多样化阶层的女性。《处女们的晚餐》、《像狗一样的下午》、《猫咪就拜托你了》等,这些片子开始对女性的"生命"和"性"进行划分,展现出坦诚相见的女性故事,之后这一类的电影便开始广泛开拍。

　　但韩国片其实和好莱坞的电影一样,也是有相同的问题点,加上韩国特有的男人权威主义的旧习,电影总免不了拍摄女性在压抑底下累积不满情绪的内容,虽然也有在拍摄女性的内在和寻找生命意义的电影,但是在各方面还是有些不足。

　　电影里的女性常常反映出那个时代的女性,从《自由夫人》到《劈腿的家人》,女人形象以惊人的速度在变化,并奠定出迎合新时代的新女人形象。女性已经不用再独自哀伤地度过夜晚。电影《离奇的她》可从片名中就感觉到强悍性和具有强烈开拓精神的女性，这是在现实中所期待和追求的形象。

以《自由夫人》为代表的20世纪50年代，由于战争，以男人为主的体系开始受到颠覆，女主角为了家庭而出外谋生，后来与年轻男子跳舞而坠入恋情的故事，这对当时来说，是一个非现实而破天荒的内容，因此带来了极大的话题。之后20世纪60年代的电影《房客和母亲》、《红围巾》等，女性还是以消极而顺应现状的形象出现。

而到了20世纪70年代《英子的全盛时代》《我是第77号小姐》等陪酒小姐的电影开始出现，随着产业化的浪潮，为了过好日子而打拼的都市女性辗转成为陪酒小姐的故事越来越多，描绘出在急速产业化过程中牺牲的女性。

20世纪80年代，因军事政权所实施的软化政策，以《埃玛夫人》、《山楂花》等将女性商品化的电影，如涨潮似的不断涌现，之后进入20世纪90年代后仍可看出，女性寻找自己权益的电影，《摆脱犀牛角的执著》、《婚姻故事》里的女性都是独立而自主的职业女性。

21世纪则由强悍女性横扫电影市场。《离奇的她》《流氓夫人》等电影出现，女性表现出从来没想过的强悍性和令人意外的行为，故事本身和内容的主导开始由男性转换到女性。

在电影中的生活面也是，女性变得积极而进取。举一个简单的例子，《快乐结尾》和《情事》，在《快乐结尾》里第一次出现

游戏规则 女人来定
THE POWER OF WOMAN

女性户长，在《情事》中，外遇的女性勇敢的选择了离家。最近制作的电影里，绝大部分是由女性来带领男性进取来成为主体人物。

Wisdom Talking For Woman

给女人的箴言

悲观的人虽生犹死，乐观的人永世不老。
——拜伦

电影里的女性主义

现实社会中，还是有许多问题等待女性去克服，这些问题更需要以女性的立场和观点来接触，从而找出解决方法。但是，女性问题终究还是要靠女性来解决，不过问题也不是单靠女性就可以解决，所以女性主义的电影还是有其局限性的。

电影里的女性开始勇敢的主张自我，并呼喊权利的情形，已经行之有效。20世纪60年代制作的《房客和母亲》这部片子和最近制作的电影比较起来，可以看出女主角的个性有急剧的变化。

在《房客和母亲》里，玉姬的寡母照顾幼小的女儿及公婆，这样的社会地位和环境，让玉姬的母亲在传统的伦理中，无法积极追求爱情，同时这也体现了玉姬母亲所呈现的传统而伟大的女人形象。玉姬的母亲在意世人的眼光，更无法摆脱封建的旧习，只能舍弃自己的爱情，从她的行为中可以看出消极的女人形象。有一幕是房客外出后，她悄悄进入房客的房间，拿起房客的衣服偷偷触摸，当她听到房客和别的女人有染的消息，无法释怀而暗自苦闷，在不断涌起的欲念下，她只好独自演奏钢琴纾解情绪。

情欲的压抑

还有一幕是，玉姬的母亲接到女儿递上来的花，女儿还说是房客送的花的时候，她喜出望外地交代玉姬，这件事绝对不能对任何人说。这里要呈现的女性形象是，虽然玉姬母亲的哥哥不断劝诱，但她还是以一句："妈妈只要一个玉姬就够了！"来安慰自己并拒绝再婚，描写出极被动和典型的母亲形象。

但是在2001年上映的电影《春天走了》里，出现了完全不同的形象。这部电影里可以看出，随着年岁的增长，女性的思维起了极大的变化。从社会地位来看，30多岁的女主角恩秀与40岁的男人谈情，在对性还是很保守的韩国社会，恩秀的角色还是很难甩掉离婚女人的包袱。对恩秀来说，相宇的结婚消息只是一个负担，因此自然地从自己的生活周围开始寻找另一个男人。

有一幕，恩秀直截了当地说："睡一晚再回去吧？"还有恩秀与男来宾之间的关系，和相宇在街道上的热吻，以及无法忘怀而在恩秀的屋外过了一夜的相宇最后只换得恩秀冷冷的一句："分手吧！"这些行为和台词，都呈现出了非常现实的女人形象，似乎在宣布：现在已经由有地位的女性，开始在主导"性"了。

1991年制作的电影《末路狂花》，描绘出想要摆脱烦闷生活的女人形象，叙述女性不再是被关在生活琐事里的人，可以追求自己的自由并享受自己的人生。这部电影撼动了美国社会，也把过去电影里的女性观完全颠覆了，把过去的善良女人形象、等待男性救助的女人形象转换为女战士，尤其是在路途旅行中的拍摄画面，让女性观众们从压抑的日常生活中脱离出来，感到自由和速度感。

2001年制作的韩国片《猫咪就拜托你了》，不仅在韩国，在国际上也获得好评。片中把20岁女性的烦恼以及想法，从整个电影的气氛里传开来，但是电影里的现实，跟她们玫瑰色的美梦有着迥然不同的巨大差别。

以猫咪为题，反映出20岁年轻女性的思考方式，这是在韩国社会很容易被疏忽的问题，以女性的观点去接触和探讨，相当具有意义。自称生活在消费主义文化和影像时代影响下的新生代女性，对于自我个性相关的问题，友情以及爱情的烦恼，还有在现实社会中的挑战等，都在电影里一一陈述，影片虽然不是很卖座，但让观众再次深思，大众对于女人是否需要再做认真的评估，以及身为这时代的年轻女性，所面对的社会问题是什么？单在这一方面，该片就可说是一部很有勇气的作品。

问题待克服

以韩国的教育问题和女性问题为主题的《女高怪谈》和将女性对于"性"的烦恼以谈论方式来解开的《处女们的晚餐》，还有主张女性的"性"议题并不是自自然然的，而是会受到社会影响的影片《301、302》，这些片子虽然有些以鬼故事为题材，有些是以公式似的"性"和女性作为题材，但是都因为题材有限，无法在剧情中呈现出女性的各种问题和烦恼，这些影片以女性问题为标榜，但这只是营销的手段，并没有实际的意义。

现实社会中，还是有许多问题等待女性去克服，这些问题更需要以女性的立场和观点来接触，从而找出解决方法。但是，女性问题终究还是要靠女性来解决，不过问题也不是靠女性就可以解决，所以女性主义的电影还是有其局限性的。

韩国电影和国外电影中的女性问题的变化，要看我们以怎样的观点来看电影，如何去探讨现实世界，才能得到答案。为女性发声的好方法并不是继续制作更多女性主义电影，而是要在所谓的主流电影中，主张女性与男性同等的地位，呈现各种不同的题材和人物群，或许，这才是我们要得到的答案。

破解女性的性欲望

> 所有的女性，或者说所有人类，将内在隐藏的马利亚（圣女）和夏娃（欲望之女）这两种面貌都呈现出来，才能真正找到完整的自我……

朴灿旭导演的影片《亲切的金子小姐》里，出现了韩国电影所很难看到的特殊女性人物，这是一部介于天使和魔女之间的女性报复剧，这样的设定，让人对于电影和人物产生好奇，并且可以脱离过去旧有的架构，用崭新的眼光去接触。

片中对于过去所禁忌的女性的性欲望，对于和社会偏见进行斗争、剧中女性内心世界的隐秘欲望等，反映出现代女性的本性，人物的个性在电影中很明显地呈现出来，本来被制度和权威所压抑的女性情感，以独立而强烈自我意识的形态来呈现，并对于自我的本性和欲望，进一步坦诚地描述，她也是对于社会的偏见以及差别待遇，感到苦恼的现实性人物。

电影《粉红鞋》里，主角偶然捡到的一只粉红鞋，因而卷入了无法克制的欲望世界里，这个故事里出现了传统母性的完全崩解。电影中描述，与其要扮演失去自我个性的"母亲"，不如选择个人欲望中，顺从"女性"本来的自我意识。以欲望的象征"粉红鞋"而展开的女性之间的明争暗斗，不分妈妈和女儿，也不分大人和小孩，不管前辈和晚辈，不管年代和年龄，"粉红鞋"代表的是欲望和执著，彼此之间只是为了争夺这些而成为互相竞争的对手。从这里可以看到，女性压抑的自我意识，这里面没有依赖男性的女人，只有在弱肉强食的世界里，为内心中的自我而斗争的现实性人物。

坏女人症候群

20世纪90年代初期从西欧吹起的坏女人症候群，到了21世纪透过《坏女人会成功》、《坏女人很酷》等坏女人相关书籍而开始更具体化。现在"坏女人"这个名词不再是字面上的意义，而是指勇敢充满自信的正面意义，亦指开始要摆脱过去的"善良女子障碍"。

要突破这点可是过了非常长的岁月。女性在小时候看着《灰姑娘》和《黑豆姑娘》的童话长大，一心想要成为灰姑娘或黑豆姑娘，小时候手里都拿着一头金发和穿着华丽礼服的芭比娃娃，梦想骑着白马的王子会出现。与王子结婚后取得富贵和地位的灰姑娘故事，是女性永远的罗曼史，要把主题换成别的还需要很长的一段时间。

终于，"红豆姑娘"（译注：韩国民间故事里的坏心妹妹）的时代来临了！2000年开设的女性网站——红豆姑娘（dot.com），是以"贪心女人的勇敢生活"为标语，摆脱过去善良好欺的黑豆姑娘形象，知道如何去为自己打算，积极而贪心的红豆姑娘形象比较适合新时代女人，这就是取名红豆姑娘的意义。

耀眼而美丽的白人娃娃"芭比"，即将要把自己的宝座让给肤色多样化，穿着现代感，而且有着上扬眼眉和勇敢而性感脸蛋的新娃娃"贝兹"，像这样"坏女子"地位的抬头，打破过去传统女人形象，以新的标语重新解释了过去的名词，崇尚坏女子的各种书籍和影像，重新定义出崭新的女性形象。

德国的一位心理学家在《坏女人会成功》一书中指出，捆绑女性的各种偏见，譬如说："女人一定要美丽"、"强悍的女人会孤单"、"女人一定要结婚生子"、"对女人来说，男人是不可或缺的"、"女人是弱者"等都是社会上的偏见。

这位心理学家认为若要克服这些偏见而成为"坏女子"，就要先懂得说"不"。当别人要求我们做不当的事情或是荒唐的事情时，不要被情势牵着走，而是要懂得拒绝。

找寻新价值

由于女性被教育成要懂得谦虚，有时为了避免自己成为"骄傲的公主"，而常常不善于表达自己的优点，因此要找出自我价值，认定自己的优点和能力。

现在的女性为了自己的幸福，不惜成为坏女子。29岁的江小姐本来要和一个条件不错的男人结婚，结婚后计划要飞美国定居，但是已有稳定工作的她，不想婚后放弃工作，还得在陌生的地方照顾先生，她几番考虑的结果，甘冒着双方家长和周围亲友的反对，决定拒婚。就像是《单身》里的张真英所扮演的罗兰一角。罗兰也是遇到一个男人，而同时面对了留学和结婚的选择，后来还是冷酷地和男友分手。剧中的角色说："虽然是不起眼的工作，但我还是希望靠着自己的能力在这里生活。"然后她回到平常的生活，卖力地过着属于自己的日子。

26岁的上班女性韩小姐，对于工作非常卖力，经常加班，但是由于公司内部斗争，造成不合理的人员调配，她向上级反映，但是没有被接受，她开始对于这个团体感到心灰意冷，最后决定直接找到公司的最高经营者，将所有内情真相全部透露后，递上了辞呈。这种问题是目前许多未婚女性和职场女性所共同面对的苦恼。

即使在女性地位已经提升的美国社会,依然存在这种现象。在《欲望城市》中,这四个在美国纽约过着单身日子的职业女性,深受 20 岁至 30 岁年龄层的喜爱。剧中人物凯莉、莎曼沙、米兰达、夏洛特都是单身女郎,她们的服装、对白、生活形态等,带给年轻女性很大的影响,她们都不是妙龄女子了,却都还保持单身,虽然内心渴望找到永远的归属,但是在快要现实化的时候就会逃避。

莎曼沙喜欢和男人享受性爱,米兰达选择了未婚生子,她们都是韩国社会不能接受的女性族群,而全世界的女性都对她们憧憬而羡慕。像这样,现在的女性想要模仿的媒体里的女性,是勇敢生活而自主职业女人,而不是被动的女性。

德国心理学家说:"**善良的女子死后可以到天堂,坏女子却活着去自己想去的地方。**"因为坏女子什么地方都去,当然也会去地狱,但那个地狱不是痛苦的世界,而是和现实一样有分明的四季和自由的地方。

最近在韩国出版的盐野七生(SHIONO NANAMI)所著的《莎乐美故事》一书中,在《地狱的飨宴》里出现以下的故事——住在地狱里的人,不像是诚实的人所住的天堂一样无聊,地狱充满动力和各种不同的生活,所以埃及艳后在地狱里也是为坚持自己的品位而不遗余力,盖了华丽的宫殿,并带着一些随从过日子,她像现实生活一样还是在跟安东尼、凯撒、阿基利斯等许多男人约会。

　　盐野七生在这本书里提到，历史上的"恶女"都是有个性、聪明而且积极，代表性的例子就是莎乐美。莎乐美是把受洗者约翰置于死地的"恶女"代表性人物，但是盐野七生所描述的莎乐美是个有智慧的孝女，因为她的父亲希律王逮捕了约翰之后，不知怎么处置，为了解除父亲微妙的政治立场，她跳起艳舞，以其为代价索取约翰的头。

　　最近的社会转变成为生存竞争激烈的社会后，不管是在家庭或社会都更需要女性的积极性，因此积极的新女人形象——"坏女子"的名称出现。所有的女性，或者说所有人类，将内在隐藏的玛利亚（圣女）和夏娃（欲望之女）的两种面貌都呈现出来，才能真正找到完整的自我。

　　或许，现在就是要将长期隐瞒在心底的"夏娃"找出来的时候了，您说呢？

Wisdom Talking For Woman
给女人的箴言

　　流行是一种无法忍受的丑陋，所以每半年都要更换流行一次。

——王尔德

亚洲电影女人当家

中国的武侠电影里，有各种强悍的武功，还有为了武林道义所展开的武林大会等，女性的武术演技是最精彩的部分也是压轴中的压轴。这些电影里的女主角被称为女侠，她们展开精湛的武术对决，只有武术电影才充满阳刚之气和女性特有的纤细……

看到在韩国上映的中国武侠电影，过去属于男性领域的武术和动作片上，最近开始出现的女性在增加。《卧虎藏龙》里的杨紫琼和章子怡、《白发魔女传》和《新龙门客栈》中的林青霞、《方世玉》里的萧芳芳等人都是如此。

中国的武侠电影里，有各种强悍的武功，还有为了武林道义所展开的武林大会等，女性的武术演技是最精彩的部分也是压轴中的压轴。这些电影里的女主角被称为女侠，她们展开精湛的武术对决，只有武术电影才能同时充满阳刚之气和女性特有的纤细。

中国台湾的影片《禁止的呢喃声》参加了2000年釜山国际

游戏规则 女人来定
THE POWER OF WOMAN

影展，片中描写一个处女成为女人的内心欲望及变化，描写得很真实。身为女性对于母亲那个年代传递下来的规范，她们是如何试着去摆脱，影片以非常清楚的眼光来分析。影片中的结论是，因为是女性面对母亲的角色，因为是女性而拥有的天生的母性，极可能就是拯救女性的希望之路。

性压抑需要解放

由母亲生出女儿，女儿又成为母亲，又再传承到女儿的这种过程中，期望自己有所改变的欲望和相随而至的压抑，不断在寻找突破点但又再循环。电影里的女性受到家人和家族们围绕固定观念的影响，生活在压抑和差别待遇中，所谓的影响具有可怕的威力，足够让一个人的人生彻底粉碎。在《禁止的呢喃声》里很具有代表性的表现出由于那种社会的影响力而形成的，对于女性的固定观念，同时女性对于这种观念所作的反抗，也很明显的表达出来。

那么,在宗教电影中是怎样去表现女人形象呢？《梦》和《曼陀罗》中的女性只是扮演一个消极而被动的角色；《华严经》、《粉碎的名字》因为电影本身就带有寓言性而没有所谓男、女的架构；《UDAMBARA》是以比丘尼为题材，将一个纤细的女性内心世界，利用一个象征性的小道具作出详细的描写，那就是把女人和世俗的联系比喻为一条细绳，最终要把绳子砍断才能走上佛道之路，这样来叙述女修道人的路程；《AZE AZE BARA AZE》是站在一般佛教修道者的立场，从正面描写出一个女人如何积极去经营生活。

宗教电影大部分以女性为题材，而金用均导演的《达摩往东的原因》则完全没有女性的演出。这在暗示着，若要达到佛教"悟"的境界，就不能有女人的介入，因为女人会让男性产生欲望，这在佛道的修行里是必须要斩除的部分，具有教训性和警惕的意味。

像这样，每一部电影有着不同比重的女性出现，每一部影片的描述，随着电影的脉络和内容，对于女性有着各种不同的解释。

Wisdom Talking For Woman
给女人的箴言

你爱惜生命吗？那么请不要浪费时间，因为生命是时间组成的。
——富兰克林

银幕中的流行产业

在20世纪90年代由于国民收入的提升,消费层由过去的高级文化转为大众化,衍生出新的文化风土。生活的富裕带来了休闲活动,也加速了相关文化产业的发展,在上一代打拼出来的丰硕物质中,急速成为文化产业受众的新消费群……

随着人们思维的变化,在电影里也反映出这样的改变,电影里出现的形态,一样也是在反映那个时代。

在韩国发起光州民主运动的20世纪80年代,是民主主义的过渡期,也是政治、社会上很混乱的时期。以近代化、西洋化为美名引起的浪潮,人们还来不及收拾混乱的局面就带来了不动产投资、豢养小白脸、人口贩卖等现象,让人们心惊胆颤。似乎在反映这种社会氛围般,20世纪80年代的初期,有很多社会批判性的电影开拍,都在描写贫穷而被疏离的庶民生活。《吹风的好日子》、《小矮人射出去的小气球》、《住在小村子的人》、《黑暗的孩子》、《傻瓜宣言》等，这些电影都是在描述当时社会的矛盾和混乱。

《住在小村子的人》一片就像片名一样，以都市贫民区为背景，介绍各种形态的人物特色，扒手、司机、牧师等，在你来我往中一起生活，但是对于他们来说"希望"是个很陌生的名词。值得一提的是，这部电影本来要参加海外电影展，竟被韩国政府认为过度暴露国内的贫穷而禁止其参展。

《七修和万修》本来是以舞台剧受到热烈追捧，后来拍成电影，主角是在高楼大厦画广告维生的人，透过主角描述在华丽都市里过着压抑生活的低阶庶民之声。

令人怀念的行业

20世纪70年代在电影里常常看到的车掌小姐，到了20世纪80年代初，因为公交车人力精减而消失了。《去都市的处女》这部电影里的主角，就是当时常常看到的车掌小姐，但是这部电影上映之后，由于车掌小姐的示威抗议而只能黯然下档。因为电影里的车掌小姐把收到的车费私吞，为此激愤的从业人员提出竖旗来抗议。

《九劳阿里郎》描写的是工业区女工的凄惨故事，这在制度圈的电影中，算是首度出现劳资问题的电影。20世纪80年代的中期，劳力密集的工厂逐渐消失，其他部门的工作逐渐增加，工业区的女工也向高薪资的方向移动，这个时期的最大特征是影片里出现的职业也有很大的变化。尤其是在初期，女性的职业通常是无业的主妇或是餐厅、酒家的侍者，后来才有专业职务角色的逐渐出现。《雾柱》、《沙城》等作品中常常出现电视制作人、电影剧本作家等从事于广播或电影等文化产业的女性。

而在20世纪90年代由于国民收入的提升，消费层由过去的高级文化转为大众化，衍生出新的文化风土。生活的富裕带来了休闲活动，也加速了相关文化产业的发展，在上一代打拼出来的丰硕物质中，急速成为文化产业受众的新消费群"新生代"阶层，所以在20世纪90年代电影里，计算机、设计师、广播相关等很受新生代喜爱的职业大幅登场。

《特里萨的恋人》里的新闻播报员、《那女人那男人》和《我想爱的女人，我想结婚的女人》里的电台制作人《雪花》和《连结》的电视剧作家、《婚姻故事》里的播音员等，有关文化产业的职业不分男女频频登场。还有在《我会做惊人的事情》里的广告导演、《潮地》的广告写真作家、《咖啡、广告词、影印》的广告文案等，电影里常看到从事广告的人在忙碌工作的生活形态。

自从20世纪90年代起，计算机使用普遍化之后，相关职业也大幅出现于电影。《面试》、《游戏结束》里的计算机工程师，《失控》、《爸爸有爱人了》的绘图师等，有关计算机的新兴职业开始登场。

《在水上行走的女人》、《玫瑰社团》、《塑身内衣》里的服装设计师、《罢工者》里的汽车设计师、《一天》里的玩具设计师等，各方面的设计师职业群也有在电影里介绍。

社会的缩影

另外一方面到 20 世纪 90 年代初为止，都可以从电影里看到参与学生运动的韩国大学生。《他们也像我们一样》、《友情》、《像今天一样的好日子》等韩国影片中，也出现了被怀疑为学生运动的主谋分子而逃亡的大学生，或是在自己的理想和现实之间苦恼的大学生，或是曾为示威分子而被拒绝雇用的各种大学生样貌。但是这样的角色随着进入民主化的时代，已经逐渐消失了。

而电影里直接反映出女性参与社会的机会在增加的情形。从事于高所得的专业领域和想要追求自主性人生的女性形象开始很明显的出现在电影里。

到了 21 世纪，电影里大量出现追求美学的专家，如色彩专家、建筑、商业、汽车、舞台设计、绘图师、美术馆从事人员等，并随着环境问题的严重，水质专家、企业的环境评估师、环境工程师等带有"环境"两个字的专家开始受到瞩目。治疗植物的病痛及伤口的植物治疗师、在社会成为问题的酒精中毒者的专门治疗师等，这些有点陌生的职业也开始诞生，或者是在一个职业有许多人以时间单位服务的特别雇用方式也有出现，专门编排人事计划者或是大学入学考的设计人员、研训教育的专业讲师、劳资纷争的专业法官、负责挖掘明星的星探等，也将以重要的分量出现。

虽然韩国的专门职业未达到发达国家的水平，但如开发人格特性的心理辅导师、情绪障碍特殊教育师、知觉心理专家等职业也以新的形态出现了。一方面在国际化的世界里，也开始吹起寻找自己的风潮。民俗舞、传统技艺功能师和韩服设计师、民俗学者、韩国画家、传统食品料理师等也会受到瞩目。

韩国社会在21世纪以知识为基础，而对于熟练工或专业人士的需求不断增加。以标准职业分类作为基准，在韩国像技术工或准专家之类的从事人员有18%，而德国是39%，英国是37%。所以，以知识为基础的经济，将来会继续增加对专门职业的需求。

今后的职业世界，为了对应急速变化的知识和技术，各种职业也将随之整合。所以，对于单一的职业做出任何展望，都是件不容易的事。但是以国内外社会经济变化为基础而有需求的职业领域则可期待，整体的方向是专门职业和服务业的增加。就是大体来说，低教育水平和单纯知识及功能的职业会逐渐减少，同时对拥有高教育水平和专业知识以及技术的专门职业的需求会增加。服务业也会像发达国家一样持续增加。这种变化可借由反映社会和人生百态的电影来做进一步了解。

电影中的小型社会

最近电影里,"突变"的职业受到瞩目。如果要找出某种需求是过去和现在都可以通用的,那就是道德性和忠诚度。但是随着时间的经过,这种概念也变化很多。

忠诚度是站在经营者立场来说,让员工必须遵守的标准,但若这员工表现出色,也为公司带来利益的话,就不会去计较太多了。所以如果说过去经营者强调的是主人意识,现在重视的就是所有制和合作制。

世界在过去 100 年间,经过产业化、都市化、情报化,其变化的程度比过去好几个世纪还要来得快。几十年前,工作的内容还是在单纯的利用道具、凡事都靠双手的阶段。但是现在计算机和机械普及化,已经把人工替代了,甚至连战争也可以由机械来取代,实在是一个很大的变化和发展。那么,职业的变化情形是如何呢?过去在公交车里负责收费并告知下一个抵达站的车掌小姐、在印刷厂里抽出铅字并放在识字板里的印刷工、利用打字机制作文书的打字员、在大热天里扛着一个大冰块送到各地的冰块零售商等,都曾是受欢迎的职业。

生活在现代的新生代们,可能都没有听过这些职业,随着技术的发展,已经成为过去的回忆。相反的,过去无法想象的职业也诞生了很多：随着计算机和情报器具的登场，比如手机的铃声作曲家、游戏专家等。除了这些之外，在短短几年之间，就有无数的新兴职业登场。

社会在变化，随着职业的多样化，对于人才的评估标准也不同了。过去认为在学校读书认真、成绩好的就是人才，现在认为独特的个性以及具有创造力的人才算是人才。

自从开始强调企业的所有制和合作制，随着时代的变化公司采用人才的方式和标准也不同了。单靠履历表采用人才的方式是以前的事情，现在用这种方式是行不通的，对现在的企业来说，面试成为决定采用与否的重要项目。面试方法也有很多种，像是料理面试、足球面试、吃饭面试、喝酒面试等，变得多样化。

如果我们不能赶上社会的变化速度，就会被挤到生存竞争的边缘。观察昨天、准备明天，这比任何事情都还来得重要，这样才能从生存竞争中取得胜利。随着这种职业和人才群的变化，我们自己要作出怎样的准备和怎样的心态，反映我们现实生活的电影，能够让我们看到生命中最重要的职业变迁过程。

随着尖端技术的发展和人们的取向变化，过去受欢迎的职业忽然消失了，取而代之的是从未想象过的职业，以崭新的姿态浮现并发出光芒，打字机被计算机取代，单纯性劳动者被自动化机械取代之后就消失了踪影。

电影是反映社会的一面镜子。电影里有我们生活过的样子，也有历史，也有时代变迁，虽然已经经过了一段岁月，还是可以回味以前的光景，然后拍案大叫："啊！当年是这样没错！"

这就是电影具有的魅力。透过电影可以看到很老土的以前流行的服装或是发型，也可以看到已经消失或在我们周围很难看到的职业。

虽然电影里出现的职业，不见得都是当时受欢迎的职业，但是以某个固定时间和空间为背景展开的故事题材，电影确实是反映出当时人们的价值观、关心的东西、烦恼的媒介。

20世纪50年代电影里的职业，就是在市区来回的擦皮鞋匠和垃圾商，虽然也有公务员和银行员这些具有安定职业的人们，但当时社会上最常见的职业就是擦皮鞋匠和垃圾商。那些现在听起来已经很生疏的火炭宅配员、烟囱清扫员、收音机组装员等，在当时社会都是很活跃的职业。

在那个时期，由于战争后从朝鲜逃出的难民、从乡下上京的年轻人都聚集在首尔，他们通常都会从事现在统称为服务业的酒家、餐厅、咖啡厅服务员等工作。战争前后的时期，韩国国民有80%是农民，除此之外就是女性或做粗工的。

韩国最初的企业公债实施于1957年，可见在当时不光是女性，男性的工作也很难找。因为战争而产生的50多万名遗孀，忽然之间要扮演一家之主的角色，这些主妇们可以做的就只有摊贩或当佣人。当时的电影《遗孀》也是详细描写了当时的战争遗孀们所经历的痛苦，但是也有像《女社长》、《某个女大学生的告白》里的女律师、《她很幸福》里的杂社女记者一样，开始在电影里出现从事于专门职业的女性。

在喜剧电影《请不要误会》里，出现当时在高级百货店或是饭店等地工作的电梯小姐，而当时一般民众认为这是很有特色的职业。当时属于精英分子的男性职业有银行员、报社记者、大学教授、工学博士等，也是电影里常常出现的主角。也有像画家、作曲家、小说家、戏剧作家等所谓的文化艺术人，并且在这个时期制作的电影里，也常看到从海外留学归国的留学生。虽然现在来说留学已经是很普遍了，但当时留学算是很稀有的呢。

理想职业，电影中有

到了20世纪60年代，有一阵子电影都以过着苦日子的佣人为故事人物。自从韩国开始了经济开发五年计划之后，像是纤维工厂、假发工厂等劳力密集的产业体系下工作的劳工增加，而打字员、航空小姐、电视明星等行业，也在这个时候出现了。尤其1961年首次招募航空小姐，选拔4人却有35位女性报名，从那时开始，航空小姐就已经是女性最想从事的职业。

而在这个时期，尤其出现许多探讨社会腐败的电影，可谓韩国电影的全盛期，深受大众们的喜爱。可能是人民将战争带来的绝望感和失落感，借着电影里的世界得到了抒发。产业化的发展使年轻人离开了农村，20世纪60年代初期由于农村严重的干旱，加速了农村的衰退，在都市里的贫富差距也逐渐扩大。

从20世纪50年代末开始持续的失业问题，使人民过着艰苦的日子。《罗曼史Pa Pa》、《三等课长》等，间接描写了当时严重的失业问题。在这个时期，虽然到处可见万年课长，或薪资微薄的劳工及失业者，但这些小市民都怀抱着梦想过着自在的生活。另一方面，有钱人家的佣人常常成为电影里女性的职业。《家佣》、《家佣三兄妹》等影片干脆从电影的主题就列入"家佣"两个字，电影《婢女》里的剧情中，家佣破坏了主人家的幸福，电影里呈现出各种特色的女性人物。

电影《老朴》也是显示当时生活环境和职业观的代表作。剧中老朴看到女婿成为开车的司机，就认为他已经开始重新做人了，并为此而感到非常高兴，可见在当时司机、银行员、警察、老师、医生等，都是男性间的最高人气职业。

电影《回转椅》诞生了一句流行语："你觉得冤枉就争取成功吧！"其实在告诉观众，没有用正当的方法而以伪善和虚伪去争取，就要付出相应的代价。在当时也是常见职业的马夫，现在已经是消失的职业，只有在电影《马夫》里才能看得到。

20世纪70年代也可以说是经济成长的阴影下出现的酒家的全盛时代。随着当时政府的口号："大家来过好日子吧！"每个人都束紧腰带，参与新生活运动，讽刺的是，随着经济的高度增长，冷落了劳工和农民，反而带来了享乐产业和颓废文化。

当时几乎是陪酒小姐的全盛时代，因为在电影里常常看到这个职业，但是随着去中东工作的热潮，也开始出现了工程师、银行员、大企业员工等办公室的从事人员，这比任何时期都要多许多。

20世纪70年代随着急速成长的经济和维新政权的阴影，以及逐渐加大的贫富落差，给市民带来了空虚感和失落感。窃盗或诈欺行为增加，高级酒家和暗巷的私娼开始盛行，在这种地方工作的人也越来越多，女性在游乐场所工作的主要原因是要抚养家人。

与电影《星星的故乡》同期风靡20世纪70年代的影片《英子的全盛时代》里，随着女主角英子所经历的职业：有钱人的家佣、纺织工厂的女工、车掌小姐、陪酒小姐等，可以看到为了梦想而努力奔跑的女性职业群。

在20世纪70年代最叫座的影片《冬季女子》，票房突破了56万人次，女主角从大学毕业后成为特殊学校的教师，这样的内容与同时代的其他作品有着明显的差别。

在这个时期，办公室的从业人员也很多，所以很多女性都从事速记或打字员，后来打字员这三字在韩国职业里消失了。急需用钱的平民老百姓，在紧要关头利用的当铺，也被银行的借贷和信用卡文化慢慢取代。

由专业领域主导经济的20世纪80年代，随着高度的产业化，急速形成了职业环境的变化。车掌小姐已经成为历史职业了，电视台的制作人、电影剧本的作家、翻译家等各种职业群开始登场，尤其电影里的女性职业，也从酒家从业员转换为正常的专职女性。

20世纪90年代到21世纪，可谓专业领域的女性和计算机的时代。自从称之为新生代的年轻族群诞生后，软件工程师、绘图师、新闻播报员等，成为受欢迎的职业，电影里的男女主角也是从过去的上下从属关系，变成平等关系。

游戏规则 女人来定 110
THE POWER OF WOMAN

―― Wisdom Talking For Woman ――
给女人的箴言

生命是一篇小说，不在长，而在好。

――辛尼加

第四章

掌握商机
抓住女人心

——广告里的女性变化

游 戏 规 则 女 人 来 定

女性喜爱，广告必胜

在21世纪，女性透过广告的内在世界或是外围世界，正在稳固属于自己的力量，使这个社会逐渐成为不是属于男人专有，而是男人与女人共享的社会，而透过女性所拥有的优点，不但创造出广告的附加价值，同时也以循序渐进的方式去改变社会……

现代的社会，简直可以形容为广告战争的时代。广告的力量和效果不容小觑。想要透过广告所表达的讯息，可以用令人印象深刻的一句话，或是一幅图画来表现。随着时代的变化，在社会上的各个领域里，也随之产生了感性的变化，会呈现这种变化的许多媒体广告中，也相对地出现了许多不同特色的感性人物。尤其我们常见的电视广告中，一定会出现女性。

女性模特儿，无论是单独或与其他模特儿一起出现，也不管是借着平凡真实、可爱或是特殊的方式，甚至透过一句具有激发性的对白，或是行动、姿势等来传达讯息，都会使观众感到愉悦，但有时候也会遭到排斥。

玩广告，先懂女人

而广告借着女性所具有的"性"特色，取得无限的价值和收益，有时候甚至可达到100%的企业宣传效果。

那么，广告中女性的角色是什么呢？透过广告可以形成的，女性在社会的影响力又是什么呢？

在21世纪，女性透过广告的内在世界或是外围世界，正在稳固属于自己的力量，使这个社会逐渐成为不是属于男人专有，而是男人与女人共享的社会，而透过女性所拥有的优点，不但创造出广告的附加价值，同时也以循序渐进的方式去改变社会，让它变得更令人满意。现在的社会中，女性占据的比率越来越高，而藉由女性的努力，一方面打破了社会上差别待遇的障碍，另一方面提高了女性的社会地位。

过去被认为是专属于男性的权利，也开始与女人共有，透过广告来传递给社会大众这些普遍性真理。女性藉由自己的角色扮演，开始转换自己的思维、提升地位，使女性的影响力扩大。

尤其到了20世纪80年代后期，女性参与社会的人数以惊人的速度增长。本来属于男性的领域，也有不少的女性继续加入，就连男性来做都会觉得艰难的事情，也有女性强行挑战。在企业领域里，女性从事高阶干部的比率也逐渐增加。

随着女性的生活形态变化，女性加入社会的人数扩增，消费形态也跟着有了改变。其中最大的变化是生活的合理化和自我表现欲的增强。工作的女性增加了，其采购方法也产生了变化。

在过去，专职主妇的生活形态就是早上打扫屋子和洗完衣服后，下午上街购物。自从成为兼职主妇后，就不能过这种日子了。职业妇女多半利用下班时间去店里买东西，所以晚上购物的情形增加，商店遂将营业时间延长到很晚。

此外，兼职主妇较多是居住在郊外的住宅区，所以车站前的超级市场以及折价商店晚间营业额几乎占据全天营业额的一半。

购物习惯主导商机

随着购物时间的变化，购物方法也改变了。专职主妇因为时间多，可以慢慢选购，但是兼职主妇得在短暂的时间买完所有东西，购物时间较短，但是出手却都很大方，所以她们会利用网络或电视购物频道来节省时间。

所以，想要卖东西的商家，就要去配合这些职业妇女的采购条件，同时也要刺激消费。在情报时代里，许多的采购者透过网络所取得的情报多于电视和收音机。所以，最近的广告必须同时满足网络和一般平台的广告需求，所以就要呈现出更加积极而强烈的印象。广告得在最短暂的时间内吸引人，只能藉由象征性和影像来取胜。因此，广告里的登场人物，有时候看起来虽然不太真实，但其实是以夸张的角度反映现实的状态。

将现实中消费者们所梦想的某些价值以及概念等，以象征性方式来处理后，简单明了地去说服消费者。所以广告里的女性，通常都是由当时男性们所喜欢的某位女性，或是当时女性所梦想的某个东西，来激发采购欲望。所以大企业的广告，通常会起用当时最受欢迎的明星为代言人。

而广告里的台词或行动，都是为了刺激消费者的心理，请广告高手精心设计出来的。所以，广告绝对不是一项简单的作业。

Wisdom Talking For Woman

给女人的箴言

思想如有错误，生活便不会正确。

——无名氏

网络商机，火速蔓延

因为女性的消费能力远超过男性，尤其以韩国来说，家庭的经济主权掌握在主妇手中，所以衍生出以女性为主的营销市场，而且女性有强大的小区凝聚力和传播力……

从"网络"的层面来看，女性市场具有安定性和成长性等，有无限大的发展可能，是非常具有潜力的。当然，要抓住一个女性的心理，可不是件简单的事情。但是女人的心态很奇怪，只要被抓住之后，就不会有背叛的行为，所以其成长空间是非常大的，也因此女性市场是许多企业急于想靠拢的。

最近急速增加的网络广告验证了道理，目前网络业界的目标市场多半是女性。以一支《我爱你，仙英》的广告，得到很大回响的女性专用网站"My Club .com"，以及由电影明星车胜元以女装亮相而引人瞩目的"Woman Plus.com"广告和女性专用网络空

间 "iZia.com"、"阿姨.com" 等多达 30 多个女性网站广告出现。

上网女性很多

根据韩国网络情报中心的统计显示，2005 年 4 月底，利用网络的全体人口中，女性有 521 万人，占总人数的 37.3%。美国最大的网络业者 AOL（America on Line）的女性会员比例有 53%，比男性要多。在韩国国内有许多会员的网站 Daum，也有 50% 的女性会员。

就像网络业者反映出的这些女性热潮，不仅是女性专用网站，还有针对女性的交友、结婚、育儿、服装、美容、礼物、购物等各种形态和年龄层的女性为对象，特别设计出网络交易购物网站并提供各种服务。从这各种层面来看，将来女性网络会更加蓬勃。

因为女性的消费能力远超过男性，尤其以韩国来说，家庭的经济主权掌握在主妇手中，所以衍生出以女性为主的营销市场，而且女性有强大的小区凝聚力和传播力。尤其 20 多岁到 30 岁出头的女性，都会使用网络，所以可成为网络业者的目标阶层。女性不同于男性，不会到处搜寻不同的网站，她们会在熟悉的网站中，取得详细的采购情报，而且不仅采购自己要用的物品，也会采购生活用品、婴儿用品、男性用品，所以依生意人的角度来看，这是一块尚未开发的宝藏之地。

游戏规则 女人来定
THE POWER OF WOMAN

　　拥有服装、美容、饮食、婚姻、罗曼史、怀孕、育儿等14个频道和8个选项功能的"My Club"，或是把购买功能作成连接功能，让情报可以直接接触到生活的"Woman Plus"网站，虽然目前还是将女性安排在固有领域里，但将来肯定会继续扩大领域，把女性的各种声音结合在一起，制造出一个巨大的网站空间。在网站中可以互相讨论女人心事，就像"女性SOS"布告栏，是一天有几十次更新的生活故事版块，讨论女性在家庭或职场所经历的事，共享后再找出解决之道的女性专用聊天室。

　　实际上，随着"My Club"的开设，主张"废除户长制度"以及"在结婚时一次向双方家长拜礼"等意见，被大家广为认同后，还真的让韩国政府废除了"户长制度"，也开始推行"在结婚时一次向双方家长拜礼"的习俗。

Wisdom Talking For Woman

给女人的箴言

　　别人看轻我，不要紧，一个人只需看重自己即可。
　　　　　　　　　　　　　　　　　　——亦舒

数位时代，女性时代

在整个开放的文化体系里，自由谈论方式也呈现在广告中。不同于过去那种压抑而禁止自我表现的时代，女性对于自我的表现是更加坦诚而自由了……

随着时代的变化而改变的女性形象，在广告里是呈现出怎样的样貌呢，大体上的情形如下：

一、以满足自己为诉求

几乎最近的广告100%都是这样的情形。法商莱雅的广告词——"因为你值得"是有象征意义的，指出女性为了更珍惜自己，用贵一点的商品也无妨的意思。而不是像过去，想要取悦于男性才装扮自己，让自己更有信心、给自己投资是比任何的投资还要值得。

二、女性所关心的领域，扩展到政治、经济领域

最近主妇圈里也吹起股票热潮，虽然职业女性的比例日渐增加，但没有在外面工作的女性，也不只是待在家里当黄脸婆，她们对外在事物也非常关注。

财经热潮带来了股票卖气，导致女性对于以前不太关心的政治、经济领域，开始有更多的关注。以前不在意的政治、经济相关的报导，现在每天都安排时间去阅读；以前只看连续剧，现在也会把焦点转移到股票消息和新闻。因为在主妇圈里，不懂经济也可能会受到冷落。

三、拥有职业的女性和事业有成的女性

拥有成功职业的女性，成为化妆品或服装广告中的主人翁，已经不是新鲜事。但是最近有更多专业的女性出现在广告里，她们的形象不是走华丽路线，看起来很平凡，但她们展现出自信而专业的形象，更能营造积极的新鲜感，带来一股崭新的冲击。

四、与过去相比有所改变的夫妻关系里，呈现出新的女性 形象

随着职业女性增多，过去那些"男主外、女主内"的观念已经消失了。大家都一样忙，所以如何将有限的 24 小时作出最佳的安排，是两性都要关注的问题。在一支沈银河所拍的咖啡广告中，她早上起来躺在床上，优雅地从睡梦中醒来，喝着丈夫递上来的早安咖啡；在车胜元拍的洗碗精广告里，那句"每个礼拜我都要做一次太太"的台词，生动表达出主动又快乐的心情，显示他乐于分担家务事，展现的生活形态与过去迥然不同。

五、网络时代里，变化的女性

随着情报化社会的发达，生活方式也在改变。其中变化最大的是女性的生活形态。女性在过去是翻料理书，现在是在搜寻料理网站；过去是到银行去，现在是在家里上网处理银行业务；过去要到百货公司购物，现在则在家里看购物频道或在网络上购物。这样的行为在广告中，也是呈现出同样的形态。在三星购物中心的广告中，女主角订购的产品不是家庭用品也不是男性用品，而是手提包。从这点就可以感觉购物形态的变化。

六、由女性表达爱意，呈现出女性的积极爱情观

韩国电信公司 KTF 在草创期所推出的韩国第一支音乐影像广告，是以李胜哲的成名曲《我爱上了朋友的朋友》为背景音乐，透过主角人物之间的关系，呈现出爱情和友情之间的烦恼。

这个广告还举办了观众票选活动，以"爱情和友情中，会选择哪一个"为题，以邀请方式询问观众的意见，后来得到的结果是以 70:30 的比率，爱情得到了压倒性的胜利。

另外一个以年轻为诉求的广告中，广告中"我是你的吗？我可以选择我要去哪里？""爱情是不受拘束的"等对白，后来也成为年轻人的流行语。看来，新生代的爱情观，确实与熟龄年代有着不同的样貌，而新生代的价值观，也藉由广告印证出来了。

另外，在"晚安，记得在梦里见我""吻我"的广告中，不是由男性来表白爱情，而是由女性主动表达爱情，当然这些广告都是以新生代为目标群，过去只是以被动的态度等待爱情的女性形象，可以说出现了一大变化。

七、过去禁忌的语句或是强调性感的广告，日渐增加

每日乳业（NUD）的饮料广告中，以女高中生为对象，演出

了令人产生微妙联想的意境，而引起消费者对于产品的好奇心。在化妆品广告或网络搜寻引擎广告中，也会出现过去所禁忌的语句，或是强调女体性感的广告，而且这种性质的广告还在持续增加。

　　这是对于女性解放的另一种表现，在整个开放的文化体系里，自由谈论方式也呈现在广告中。不同于过去那种压抑而禁止自我表现的时代，女性对于自我的表现是更加坦诚而自由了。

八、越来越多的女性，追求外在的美丽、舒适的生活

　　由于消费者对产品的着重点从功能转为感性，对于商品的判断标准也普遍变得感性。透过商品的感性诉求来选择购买的消费者越来越多，产品的内容固然重要，但包装或高质量的服务也不可忽视。

　　为了获取对色彩感敏锐的消费群，就需要呈现出大胆的色彩，而色彩营销就变得格外重要。过去只是满足于商品内容，现在则将外观的美丽视为重要需求，所以现在的人远比过去更重视享受，像是芳香器、厨房家具、地板、毛毯广告等，提高居家生活舒适度的相关产品的广告制作频率也提高，相关作品数量也增多了。自从生活趋向安定，有了更多的自由之后，对于生活环境的关心度也提高，人们更加向往美丽而舒适的生活环境。

九、以温柔的女性特色，拥抱不安定时代的女性形象

随着物质文明的丰富、生活的便利，却使社会更疏离、人情味越来越淡，令人更加渴望关怀及温暖，所以最近有许多广告用感性的态度来接触消费者。

在数字时代里，想要客户幸福的承诺还是不变，这是SK的"OK！SK！"和三星电子的"我们是你的另一个家人"的企业广告诉求，这些广告也因触及到消费群的情绪世界而深得好评。所以许多的企业或产品，都以温暖的人情为素材。

过去的广告中，有一则"DOO.RU.NET"的广告，广告中表达出网络购物虽然方便，但是上街购物得到的满足感还是比较真实，广告中还述说了人们的生活变得非常便利，在家里靠一个按钮就可以购物，也可以取得许多情报。但是人们真正盼望的是"心中的踏实感"，而这种真实是不容忽视的。广告界会重视这件事情，是令人可喜的现象。

了解女人，成功临门

最近几个广告里，有以女性消费者为目标的几项营销策略要素。这样的广告是采用进取性来挑战新生代的营销市场，不过有些广告还是停留在以过去的眼光来看待女性……

随着时代的变化，消费者的价值观和思维也变了。这样的变化以惊人的速度行进着，消费者在选择商品时，将感性优先于理性来考虑，而理性思考的普遍化以及男性化，也许是未来的流行趋向。而现在，具有柔软和纤细感的女性特质（feminity）、感性（feeling）、和谐、创造力、想象力（fiction）的时代来临了。在这样的时代里，吸引女性消费群的广告策略是什么呢？在多样化的数字时代里，要用一句话来表达攻略女性消费群的策略是不容易的。要能够激发女性的购买心理，等于是了解女人心，并能够去成功说服的意思。这需要将下列的条件反映在广告策略上：

第四章 掌握商机 抓住女人心 125

游戏规则 女人来定
THE POWER OF WOMAN

1. 需要做出细分化的营销目标

不能光靠女性一词，就把所有的女性归类为同一个消费群。消费者趋向于个性化、多样化的时代里，将所有的消费群作为统一的目标来进行攻略的大众市场是行不通的。符合各种生活形态的多品种、少量产的商品，以特定消费者为目标，制作出符合她们的商品，以此作为市场目标才是正确的，所以细分化的市场营销是非常重要的。

2. 各种场面时的市场营销

消费者在选购商品时的价值标准，从理性转移到感性，所以当消费者跟商品见面时，当时的时间、场所、状况是很重要的，依消费者当时的心情和需求来进行商品开发是很需要的。所以广告也是要考虑这样的情况来表现。

3. 需要感性的营销市场

由于女性的消费文化渐趋高级化和精美化，商品的设计或色彩也成为购买的重要标准。所以需通过色彩市场、音声市场、气味市场的营销来提升设计，以找出感性的诉求。

4. 找出隐藏在女性内面的需求

过去的女性是被固定观念压制而在行为上是有所限制的。但是女性势力逐渐强大的未来，就要找出原来存在于女性的内面，她们正期待却还没有被挖掘到的新面貌，将此作为诉求。让女性觉得，使用这产品的时候能感到自由自在。

5. 要展开令人感动的营销

女性喜欢受到尊重，希望被认为是一个重要的客户，包装或感性等附加价值是很重要的，在未来时代里，需架构出一套数据库，透过营销，从最微细的地方展现关怀的服务精神是绝对需要的。

最近几个广告里，有以女性消费者为目标的几项营销策略要素。这样的广告是采用进取性来挑战新生代的营销市场，不过有些广告还是停留在以过去的眼光来看待女性。虽然广告可以代表当时的文化，但也会创造出新的文化。在多样的数字时代里，需要摆脱固有的那些女性描写的架构，展现以多角度来打动新女性的策略，可把商品的讯息以崭新的冲击来传递出去，进而和女性取得共识，这样才能在充满竞争的广告世界里获胜。

最近的广告策略都在于如何赢取女人的芳心，因为女性已成为消费的主体。LG 的"Dios 冰箱"广告中，女星沈银河的一句："身为女人我好幸福！"成了流行语。从此冰箱广告开始起用一流明星如宋慧乔、高贤晶等，致力于抓住女人心理。在广告中隐约传达"拥有 Dios 的女人是幸福的"的讯息，以此来获取女性消费者的青睐，这样的做法以专业用语来表示，就是"Portage 手法"。这种手法会让消费者觉得，买产品就会成为广告模特儿一样的女性。先不论是否有其他原因去影响，但这支广告推出后，的确有许多想要成为和沈银河一样的女性，选择了 Dios 冰箱，本来双门冰箱市场多半被进口商品占据，但现在已经改变了，甚至连 LG 的其他产品也跟着行情看涨。

同样的现象在房地产广告——"大林 e：舒适的世界"中，也可以看到。广告里出现一位自信而富裕的年轻主妇，让消费者觉得只要住在这里，就可以像明星蔡诗萝一样，成为一个年轻富裕的主妇，透过这样的暗示来激发女性的消费欲望。让年轻且事业有成的女性专家出现在广告里，也是以女性为目标的产品的主要广告手法。过去曾有广告以李英爱等超级明星装扮成安全警卫，而造成话题，但是最近的广告手法则倾向于邀请专职女性来饰演广告中的人物。

在"雀巢咖啡"广告里以宴会设计师的身份出现的池美纪小姐，现实生活中她的职业就是宴会设计师；在"韩国P&G"的广告里，也陆续出现了手提琴家金枝燕等人，也受到欢迎。

Wisdom Talking For Woman

给女人的箴言

认真的女人，最美丽。太认真的女人，有点crazy！
——吴若权

游戏规则 女人来定
THE Power of woman

女性领袖，众人追随

广告巧妙地利用了女性的竞争心理，激发她们对于很出色的女人产生羡慕和忌妒的心理……

最近在"LG Card"广告中出现的李美然，在广告中的形象让许多女性赞赏。她摆脱了过去那种柔弱的形象，以自信而具有领导气质的职场女性装扮，引起许多女性的关注。

广告里的李美然是服装织品商，为了展示最新款的纺织品，在许多国外买家面前，进行自信满满的产品说明会。她所介绍的布料华丽地从天花板上洒下来，而她专业的表现成功带动了说明会的气氛，她所发挥的"领导气质"深深吸引了国外的买家，最后终于拿到订单。广告中的她代表了许多女性的心声，大家给这部广告的评价是："李美然深爱自己的工作，并展现出充满自信的眼神和姿态。"广告所营造出的优质形象受到了大家欢迎。

跟风习惯笼罩广告

另外由金南珠演出的广告也运用相同手法。广告中出现的金南珠穿着草绿色衬衫，其他女人看到后为之惊艳并纷纷效法，广告中金南珠在看的书、喝的饮料也都成为畅销商品。

更令人惊讶的广告效应则出现在房地产广告——"大宇的绿地"中，利用金南珠在广告中展现出的享受高尚生活的样貌，让人联想到住在这里，就可以过着像金南珠一样高级的生活。在广告中甚至并没有任何展现公寓景观的画面，只是透过优雅的金南珠，让人产生"最正面的"评价。透过一项调查显示，所有房地产广告中，"大宇的绿地"在认知度和好感度上，最受大家的肯定，这是因为广告中所要表达的观念，确实烙印在观众的心里。高贵的金南珠特别会让女性消费者认为"真的会有这样的女人吗？"而产生羡慕又忌妒的心理。

"斗山 Wave"的广告也大致相同，透过李美然的登场，广告描绘出纽约中央公园的辽阔，西班牙阳光的和煦等，结合异国风情而让人心生向往；还有"LG Zai"广告中的李英爱，在屋外以遥控方式关掉瓦斯炉火，这举动深深打动了在柴米油盐里奋斗多年的主妇。

也有些广告只在乎商品形象和女性模特儿，在现在这重视美人形象的时代里，虽然也是可行的做法，但是在观看时也不免让人产生疑惑，如果广告里的女性与现实有太大的差距，让人觉得这只是广告，看看就算了。但其实这些广告巧妙地利用了女性的竞争心理，激发她们对于很出色的女人产生羡慕和忌妒的心理。

但最近的女性并不是那么容易受诱惑的，充满个性而有信心的女性也越来越多，所以广告也不能总是用老招数，得不断创新。而且起用巨星，花上巨额的广告费，还是会反映在商品价格上，近来竞争越来越激烈的房地产广告，都是在强调住在里面的人有多么时尚高级，并没有明显陈述出产品到底好在哪里，所以广告效果的副作用还是很大。

另外一种广告是透过波普艺术的形式，以感性的影像和强烈的色彩引人瞩目，像是"KTFT EVER"的手机广告"数字滑盖相机"就是一例。紧接着在"Need something new？—EVER"出现的第一支广告里起用外形性感的女人，以诱人的眼神和姿态接近男性，用让人感到意外的场面，强调了女性的积极。

在"EVER 数字滑盖相机"的广告中，为了尽量呈现出产品的特性，利用了年轻的新生代对于感情的坦率真实，将其巧妙地运用到产品特性上。尤其主动先接触男性的女性形象，确实让人感觉到广告里的女性真的有所不同了。在广告里以深受年轻一群喜爱的 Bubba Spar 舞曲"From Disco to Disco"作为背景音乐，这也是和以往有所不同的部分。透过广告模特儿朴知允所表现的帅气和性感，也充分展现了积极女性的新样貌，而让女性朋友形成了一种用于积极女性之间的新流行语。

Wisdom Talking For Woman
给女人的箴言

倒在地上的人，就不再需要害怕跌倒了。
——班杨

游戏规则 女人来定
THE POWER OF WOMAN

超级名模，绝非万能

最近，这种不成文公式已经被打破了，越来越多的广告在内容和形式上，都试图展现新的面貌。如果想要透过与众不同的差别来引人注目，就要拍出打破一般观感的广告……

大部分的广告不是由知名艺人来发挥出极大效果，就是由男女搭配来演出温馨画面。但是最近的广告常常出现由两个女性或是两个男性模特儿的演出，形成一种奇妙的紧张感或是亲密感。同性模特儿之间会有一种微妙的气氛，有时还会诱发出同性爱的心理。

最近由当红女星张真英、炎晶儿一起演出的"现代卡S"广告，就呈现出女性之间微妙的竞争心理，好像在看一部惊悚片。

广告中采购完结账时的张真英拿出现代卡时，炎晶儿尖锐地问："S？和M是什么关系啊？"之后张真英露出奇妙的笑容，炎晶儿就快速伸出手来制止她递上卡片。

善用微妙心理

广告巧妙地把现代卡比喻为男性，深怕别的女性比自己还了解现代卡 S，而两个女人之间钩心斗角的情形，也反映出现代女性的心中，希望自己的购买力比别人略胜一筹的微妙心理。

像这样女性之间的微妙竞争心理，从 ORION 制果的"KOSOMI"广告里的林秀贞和江慧晶、Lotte 制果的"Any Time"广告里的崔智友和尹慧卿也可以看出一二。在"东洋火险"的广告中，由杨美卿和牟美罗演出，利用大长今电视剧里的竞争关系来传达讯息，想要得到不输于电视剧的演出效果。

一方面，姊妹之间的友好感情也在广告中成为重要的题材。"海灿辣椒酱"广告里的崔明吉和赵美玲是一对感情很好的姊妹。两姊妹到超级市场购物，看到许多类似的辣椒酱而惊讶，买完菜回来之后，用海灿辣椒酱煮出一道可口的辣味鱿鱼汤，一边吃一边叫着说："辣得好吃才是海灿辣椒酱！"

而 Crown 制果的"菊姬 Green Sand"广告中，两名漂亮少女走在一大片绿茶田里，两人共吃冰淇淋，让人看了感觉神清气爽。

由两名超级名模传达紧张感的广告，已经跳脱普通广告的范畴，而是要传递出类似电视剧的效果。由于广告会形成的强烈印象，所以利用具有戏剧张力的广告，将企业的商标深刻印在消费者心中。

化妆品模特儿是选用脸蛋美丽的女性；饼干广告是由可爱的孩子担任广告明星；生活用品的广告是由穿着围裙的主妇来演出……这是在过去长久以来支配韩国广告界的不成文公式。但是到了最近，这种公式已经被打破了，越来越多的广告在内容和形式上，都试图展现新的面貌。如果想要透过与众不同的差别来引人注目，就要拍出打破一般观感的广告。

最近播放的ORION制果的"KOSOMI"广告，比起过去的饼干广告在形象和价值上，有完全不同的呈现。以前演出的是两个人在快乐气氛中吃饼干，最近的广告中则出现两个女人处在令人紧张的情绪争战中，好像在看一部令人愉悦的恋爱电影，这是为了打入10至20岁女孩的心理，而尝试的新挑战。

广告的内容和形势正在瓦解

最近KT&G的广告跟过去的企业形象广告，有着完全不同的感觉。以"常常礼赞"为主题制作的这支广告，不同于以往呈现出的温暖而希望的形象，而是传达出一种神秘的形象。

最近也有些广告，试图起用很特别的模特儿，挑战固有的形式。代表性的例子就是CJ公司的味精广告。过去的调味料广告通常是由主妇或是妈妈来主演，这支广告却采用了男明星池振熙。

以味精广告来说，过去二十八年来都是由金惠子来演出，巩固了最佳形象与商标，但是有些过度定型化的隐忧，也因此尝试了新的挑战。这支广告让男性模特儿担纲演出，好像就在透露出现实生活里的微妙变化。

有一个化妆品广告"Charm Zone"，把原本代言的女星给换掉，改由青蛙来饰演主角而造成话题。最近该商品又使用动画手法制作广告，继续表现出与众不同的操作手法。

近来由于营销竞争越来越激烈，而许多广告为了营造出其产品和商标的与众不同，试图在广告形式或内容上，打破固定观念。

电视广告也正在变化中，近拍女性的脸蛋或姿势的时代已经过去了。现在的广告是藉由形象来激发观众的认同感，而不再用大明星来吸引人，或是不断地强调商品。15秒是一个很短暂的时间，要设法透过完美的影像，把品牌或产品的讯息深刻烙印在消费者的心中，那种高级的感觉现在成了主流。

过去和现在的广告，在创意及影像画面的传达方面都迥然不同，电视广告也是以形象为中心传达商品，而不是很直接的宣传。这在牛仔裤或汽车、手机等广告里都可以看到，而代表性的广告有"Levi's"、"New SM 5"、"SM 7"、"Sky"等。

最近一支"Levi's Engineer Jeans"的广告，画面从高楼屋顶开始，一个女性跑了很久后，累倒在某位男性怀里。雷诺三星汽

游戏规则　女人来定
THE POWER OF WOMAN

车厂的"New SM 5"、"SM 7"系列广告中，将各种汽车的试车过程逐一出现在画面上。"SM 5"的广告中有许多人蜂拥而上，很羡慕地看着汽车，旁白是"不要怕变化自己，要去享受变化"，然后把影像画面带到窗户、游泳池以及下雨的街道等，最后镜头带到偷瞄汽车的路人，然后出现一句"请不要随便偷看"，让广告效果发挥到了极致。

过去三年，Tele-tech 的"Sky"手机连续推出了 15 部左右的广告作品。从 2003 年推出一部喜剧式的广告后，在 2004 年推出手机游戏里女性和男性互殴场面，广告中男性的脸部被手机打到而倒卧在地。最近还有一支广告，一名搭公交车的青年的书包里冒出打斗选手，然后融入到手机里面。

"Sky"的系列广告强调的是，他们的产品与其他品牌是绝对不同的，透过广告的最后一句"It's Difference！"引发共鸣。经过广告的呈现后，"Sky"的销售成绩确实提高了，"Sky"在"Any Call"、"Sience"等主要竞争品牌中找出自己的定位，它以年轻群体为目标，提供了一套新生品牌为广告概念及策略。

此外，广告中不再出现模特儿，尤其是取代女性模特儿，而以崭新的概念来呈现的广告，是从两三年前开始的。前几年的韩国广告还是停留在由模特儿叙述商品优点的阶段，这样的操作模式能让商品和模特儿都有机会成为家喻户晓的明星。

就因为这样，巨星可能会同时出现在许多广告里，比方说，李英爱演出的广告就充分发挥了广告模特儿的效果，所以李英爱会同时出现在移动通信、洗衣粉、洗发精等许多广告里。

巨星让商品成配角

相反的，有时候请来超级巨星，反而会容易将商品变成配角。因为消费者的视线会停留在模特儿身上，而不是商品。所以自尊心较强的广告人或是企业，就会避免采用巨星担纲演出。但是也有些企业在商品的销售和倡导上，依旧采保守路线，宁愿花上大笔钞票采用超级巨星，所以目前国内电视广告的大约60%到70%都还是由知名人士演出。

另外方面，刚刚提到的"Levi's"、"New SM 5"、"SM 7"、"Sky"等广告，就是将主力放在品牌产品的形象上，而不是模特儿，这种手法会让人感觉到广告是文化也是艺术。这样的广告通常是在澳洲或德国、英国、美国等地拍摄，整支广告的气氛虽然还是走韩国观众习惯的流向，但是为了引进新的气氛，营造出国际感也是展现创意的另一种方式。

广告是透过企业和广告公司、导演、制作组来制作。企业会去分析品牌或企业的市场状况，制作组会按照品牌现况拟定策略，创造出符合时代的广告观念，经过设计后制作为影像，展示在消费者眼前。

广告若要创新，首先要从企业和消费者的思维改变开始。因为到目前为止，广告都一定出现女性，并通过女性的吸引力，企图达到最大的效果。但是以现在社会来说，靠性感的女性来吸引消费者，并没有像传达出某些讯息打动女性来得实际。尤其是利用女性纤细敏感的形象，建立出适当的观念和策略来传达给消费者，使商品销售和倡导效果极大化，这种思维上的变化，对于制作广告的人来说是非常重要的。

Wisdom Talking For Woman

给女人的箴言

美丽的女子是一颗钻石，好女人则是一个宝库。

——萨提

广告原罪，物化女性

今天的大众媒体中影射出来的女性样子，由于受到资本主义商业性的影响，而将"性"以扭曲的方式来呈现。有时候在完全没有关联的地方，也会利用女性的性象征来表现……

现代社会与大众媒体有密不可分的关系。媒体不断地反映现实状态，但是反映在媒体里的状况，其实不完全是真实现况，有许多地方是扭曲的。媒体可以扭曲现实并假装它是真实的，只为抓住大众心理，甚至是在玩弄大众的权利。在许多层面上，媒体总是为有力量的人的利益发声，有时女性就是被媒体扭曲的对象之一。

媒体中女性被扭曲的代表性例子，就是将女性物化。所以，首先要先对"性商品化"的概念，建立出正确的定义。

广告里卖商品？还是女人？

在资本主义社会里，人类的劳动力转换为商品价值，而人类的性也成为最佳的商品。真实呈现这种性商品化的例子，就是广告里的性商品化。**性是最敏锐、最刺激的一种本能。结合了资本的逻辑，在广告里的性被利用为道具。**在媒体里呈现出来的女性形象，跟男性是完全不同的。男性是以生产主体来呈现，而女性是以消费主体来呈现。

今天的大众媒体中影射出来的女性样子，由于受到资本主义商业性的影响，而将"性"以扭曲的方式来呈现。有时候在完全没有关联的地方，也会利用女性的性象征来表现。在电视等影像媒体里，女性被利用在商业上，这以男性为主的旧习来看，女性的"性"是被错误描写的。

大部分的电视剧中，都是将男性优越主义铺在底下，或是干脆就很清楚地表现出来。女性总是在男性优越主义的压抑下，成为附属的对象。这种观念不知不觉灌输到我们脑海里，而女性总是被描绘成被自己的丈夫拖着过日子的情形。有时候也会有一些作品透露出男女之间的不平等，但也仅止于提出问题，并没有找出解答。

在忙碌的社会里，为了在最短的时间内达到最大的广告效果，因此将女性作为男性的养眼题材。广告影像里的女性不断地夸大以男性为主的优越主义,让女性自己也造成错误的"性"思维,使其成为男性眼中的玩物。

相反的,也有些广告是拒绝女性魅力的。某些化妆品的广告会出现刮胡子的女性、和男人比腕力的女性为主题。在电视剧和电影里的女性角色也在变化,有时候男性和女性的角色会相互颠倒来呈现。

电视之类的主流媒体中,不择手段地将女性物化,在这样的状况下,现实中的女性想要取得正当待遇和权利,是有些不可能的。

我们生活在泛滥的广告洪水里。不管愿不愿意,都会受到广告的影响。

女性的性商品化就是一个例子。大众媒体所呈现的男性形象和女性形象,不仅影响儿童的观感,甚至在成人的生活结构上也有影响。假设一个儿童长到成年为止,大约要看15万部的广告,那么想想看在这些广告里,女性是以怎样的形态出现?这就表示出女性的存在目的是为男性服务,男女之间不是平等,而比较类似上司与属下的主仆关系。这些广告里的女性,通常有下列几种形态:

1. 贤妻良母型女性

她们专心处理家里的打扫或煮菜等家务事,为孩子和丈夫的琐事不遗余力，并满足于家庭内的活动，努力成为一个好主妇。

2. 喜欢消费的豪华女性

她们喜欢采购昂贵的衣服和装饰，喜欢拥有高价的东西，为了度假和旅行可以花上许多时间和金钱。

3. 性的对象

明明与广告商品完全没有关联，而女性以装饰性的角色出现，以诱惑人的姿态，露出女性的身体，让人产生性联想。

这种女性的商品化现象，与在社会各个角落形成的错误的性观念有关。在资本主义社会的商品中，本来是人类天性的性本能，被商品化后，以非人类化的样貌来呈现。

尤其对女性来说，在以男人为主的性差别待遇的思想下，更加对于性商品化表现出观念上的默认和认同。在这种思考方式和文化下，女性是无法独立而且没有拥有主体性人格的权利的，也直接反映到广告上。

而使女性默默认同的，是女性应该重视外在的美丽，应该具备性魅力。这种固定观念以及由男性支配女性的观念，遇上资本主义社会以利润为追求目的时，以广告的形式透过大众媒体将其表面化或加以强化，透过这些，女性自己的意识也遭到扭曲而形成错误的看法，这错误的女性形象又再度社会化，形成恶性循环。

商业主义发达的现代社会，对广告的需求是日渐增强。广告显示出现代人的遵循架构，现代人也想去模仿这些。利用广告与资本的逻辑结合，把女性归属于所谓消费主义的一种新形态，在男人为主的体制内，以巧妙而高贵的表象，把女性束缚在男人为主的制度里。

不要忽视广告影响力

当我们考虑到广告在现代社会中占的比重时，广告所传播的内容对于观看者的意识领域或是无意识领域，都具有莫大的影响力。不管是在韩国或国外，在广告出现的人物大部分是女性。所以广告是如何去描写女性，这具有非常重要的意义。现在的女性具有高度的教育水平，相对的就业机会也增加了。随着机械化、自动化，同时可兼家事和社会活动的时间也增加了。随着这种变化，有需要让我们确认一下，对于女性的固定观念产生了多少变化，或是思索一下广告的走向是否随着这样的变化在走，或是说是否有扮演催化剂的角色。

事实上，性的暗示或描写，在广告上的确是引人注意。所以不管商品的质量或特性，从化妆品到酒类、电子产品甚至汽车，女性的"性魅力"总是广泛地被作为装饰性道具。

我们可以轻易地找到广告台词里与性相关的语句。其中一个例子就是某公司草莓牛奶广告里那句："帮我插在正确的地方。"

虽然是不经意带过去的语句，但仔细想一想，还是相当具有煽情意义。

1977年由Chestnut、Lachance以及Lubitz进行的，花瓶型和功能型的广告模特儿所带来的影响力如何，结果确定，当感觉像花瓶的女性在出现时，的确是让人集中注意力，但也证明了这与产品情报之吸收与否是无关的。

换句话说，这些广告方案对产品的记忆并没有很大的影响，而且诱惑性的模特儿虽然会有些正面效应，但相对地也产生同样程度的负面效应。我想，广告界不能忽视这些部分。

Wisdom Talking For Woman

给女人的箴言

真正有气质的淑女，从不炫耀她所拥有的一切，她不告诉人她读过什么书，去过什么地方，有多少件衣裳，买过什么珠宝，因她没有自卑感。

——亦舒

情绪投射，女性魔咒

　　就像是在以女性为对象的广告中可见到的，女性的社会活动是由女性所追求，进而慢慢得到社会的认同。经历过韩国金融风暴之后，形成了一群所谓"女性职场人士"的粉领族，以她们为目标的企业也在积极研究策略……

　　所有的女演员最想要演出的广告，大概就属化妆品广告了。因为能够演出化妆品广告，仿佛就验证自己已经成了大明星。但是最近的流行趋向，却是在化妆品广告中除了女性模特儿以外，也会出现一些深受当代年轻消费者喜爱的男性。不管怎样，这个领域还是属于女性的专属地区。

　　化妆品广告里的美女明星，是让所有爱美的女性羡慕的对象。所以要在广告中表达出如果使用该产品，就能像广告里的模特儿一样美丽，消费者就随着这样的幻想去购买。化妆品广告里的模特儿总是被大众认为是美丽又深具魅力的，这样的模特儿就能呈现出最大的广告效果。有时候随着广告模特儿的表现，本来没起色的销售量也会增加许多，所以广告模特儿的选定是非常严苛的，模特儿所传达的概念和销售策略的拟定是相当重要的。

就是想像她们一样

最近在某公司的除皱霜的化妆品广告中，同时安排了大明星李英爱和田仁和来提高广告效果。这广告里要表达的概念是，羡慕田仁和紧实肌肤的李英爱，非常热心地去探听秘诀，最后以李英爱的独特氧气美人形象，来综合所有效应。

H公司推出的针对熟龄肌肤的功能性化妆品，以金南珠为广告模特儿表达出高贵且都会的气质。广告里强烈传达的讯息是，如果不想输给20岁的女孩，那么就要好好地去装扮自己。

L公司的身体保养品"ES"广告，则请来深受年轻人喜爱的全智贤担纲，透过她性感的形象和身材，以"创造百万美金身材"的概念，展现高度的广告创意。以前那种执著于强悍男性的时代已经过去了。不久前，日本在"沙宣"洗发精广告里，男人被美女甩掉后，流着泪在女性的手掌心中跳舞。广告播出后，其市场占有率提升了15%。足见女性的社会地位提升的程度。也验证出社会上看待女性的思维也有了改变。

在"MISSHA"化妆品广告里出现元彬俊俏的身影，"THE

FACE SHOP"广告以权相宇为广告模特儿。在属于女性的领域里出现男性后，销售额开始增加了。这意味着女性和男性在社会上已经有了同等的地位。

最近，女性所喜欢的男性多半为"美形男"（Flower Man），拥有大眼睛、姣好的肌肤、漂亮的脸蛋、略带肌肉且懂得装扮自己的男性。这是"都会型男"（Metro-sexual）的现象，在当今的现实社会是不会遭到排斥的。

过去的威士忌广告中，女性是被男性选择的动物，而现在男性模特儿以相似的原理出现在广告中，只是变成由女性来挑选男性。尤其在亚洲国家中，这种男性形象的变化，反映出女性的社会、经济地位已增强。韩国的外汇危机以及日本的长期经济消沉，可谓造成男性失权的主要原因。

夏娃进化

过去一千年的革命中，最大的革命可以说是女权的伸张。夏娃已经进化为可以左右世界的女性，21世纪可说是女性的时代，这不算是很陌生的说法。女性在取得经济性、社会性主权的同时，被认定为消费市场中的主流，而女性的思考方式，也成了21世纪的思考方式。

企业要不断改变才能生存。为了抓住女性顾客需要付出非常大的努力。本来属于男性文化象征的酒类市场,也开始吹起女性酒的热潮。宝海的"梅酒纯"广告中,女性的同窗好友在各自的酒杯里倒酒时,随着黄金色酒液,开始坠入令人怀念的回忆,而营造出让人乐意亲近的气氛。

SK电信和LG电信以女性为对象的新商品广告推出之后,新世纪通信也开始将广告策略,依年轻主妇型和职场女性型来细分。

LG信用卡是在"LG Lady Card"的广告中,以"焕然一新的LG Lady Card"、"总是在时代的前端"等广告词,来表现出不断提升服务的信心。还有在服装广告和化妆品广告上,也是强调拥有事业和成就的女性形象。

就像是在以女性为对象的广告中可见到的,女性的社会活动是由女性所追求,进而慢慢得到社会的认同。经历过韩国金融风暴之后,形成了一群所谓"女性职场人士"的粉领族,以她们为目标的企业也在积极研究策略。粉领族在经济能力上虽有一定的限制,但是以她们的消费水平和消费欲来说,将会有很大的提升空间,这是一个未来的黄金市场。

21世纪由于托儿设备的增加,主妇的社会参与率也随之增加,以粉领族为中心的女性就业率也急速上升。粉红色代表的心理是柔和、愉悦、年轻以及能敏锐地感应外部影响而贴切地去适应环境。

女性的积极参与社会以及网络生活形态的扩散和加速化,给女性的价值观和生活形态以及企业的营销活动，带来了革命性的变化。在各种情形下的决定购买过程中呈现为主体的女性，若要为她们展开最贴切的营销活动，首先需要了解她们的购买心理和消费形态。由于在社会和家庭中女性的地位改变了，所以期待会出现崭新的市场。

商品竞争力取决于女性

21世纪带来了许多的变化，相信在将来会有更多的变化，所以消费者的选择范围也变大了，当人的需求越来越高度化的时候，则应该依照不同的客户群建立出不同的策略。所以要掌握消费者的核心价值观念是什么，这才能成为竞争力的出发点。

女性是家庭和社会的消费主体，也是购买决定权的重要角色。今日的女性可以不受男性干涉就能做出购买决定，所以负责广告和营销的人，需站在女性近处来了解其心理。

但女性市场是容易急速变化的，所以这不是简单的作业。若要抓住她们需要掌握下列几点，崭新而严密地去拟订营销策略：

1. 女性不会再认同于"不着边际的故事"。女性会聆听于讯息正确易懂，且具有确实利益的广告，对于模糊的讯息不会注意。

2. 需创造出专属女性的新消费生活形态。利用替代性满足的模仿心理，创造出消费倾向。

3. 女性具有双重的消费心理。

4. 女性容易受到折价活动的诱惑。礼券、拍卖活动、点数回馈、试用活动等。

5. 透过彩色和设计的提升，架构出感性的营销。女性的消费文化已高级化，这也成了重要的事项。

6. 进行目标营销市场，把客户细分化后，进行不同策略。

7. 利用相关的营销活动，和女性建立亲密感，女性要求人际关系中的服务精神。

8. 透过人际关系的口传效应是很大的。

9. 透过数据库，架构出一对一的营销。女性客户群在受到尊重时，是很感动的。

Wisdom Talking For Woman

给女人的箴言

浪费生命是人间最大的悲剧。

——孟加

第五章

女性力量改变国家

——从政治层面看女性的变化

游 戏 规 则 女 人 来 定

政治不是男人专区

依据研究调查显示，若女性参与高阶职位的人数增加10%时，该国的清廉度也会增加12%，足见女性政治家在清廉度和诚实性上，得到很好的评价，尤其被腐败和不合理所污染的韩国政治史上，若要维持清廉度，更需要女性扮演的角色……

比起过去，现在女性的言论已渐渐受重视，但是有些偏见以及在一些议题上，还是有因为是女性而有被贬低的情况，常常在政治界或是财经界，女性的工作表现多有被埋没的情形。相对的，就西方国家来说，女性被派任高职位的情形非常普遍，而且成绩斐然，韩国若也能够积极借重女性能力，相信会有更正面的发展性效果。

对于女性的偏见，最常出现在政治界，虽然近几年女性国会议员有所增加，但就联合国开发计划"UNDO"显示，韩国女性的权限尺度是属于最低的，所以首先需要改善各区域的政治环境及选举风气，以增加女性的参与度便于累积更多政治经验。

女性的清廉被视为政坛清流

依据研究调查显示，若女性参与高阶职位的人数增加10%时，该国的清廉度也会增加12%，足见女性政治家在清廉度和诚实性上，得到很好的评价，尤其被腐败和不合理所污染的韩国政治史上，若要维持清廉度，更需要女性扮演的角色，而且女性不会只追求权力，她们会取得国民的信赖，实施有诚信的政治作风，追求所谓的生活政治，把分裂和争端消除，力求营造出和谐气氛，这才是架构国家经营基础的正确之道。

女性的社会参与、女性的差别待遇以及女性的地位提升等问题，不是只在女性运动的层面提出，是在两性平等的层面下所要提出讨论研究的问题，这不是只为了保护女性的权益，也不单就是女性的问题，是为了维持我们所生活的整个社会应有的基本秩序，而由社会结构成员之一的男性所应该提起的问题，男女平等是民主社会应有的客观性秩序。

若要出现更多的女性政治人物，不仅需要她们个人的努力，也需要大环境的协助，我们来看看李季卿初选议员这个实际例子，看看她是如何成功踏上政治之路的。

她读的是社工，却走了一段孤独的女性运动之路。在1988

年聚集了782个发起人,创立了国内最初又唯一的女性专用报纸《女性报纸》,创刊理念为"女性的、为了女性的言论"。她不仅实践了创刊理念,同时也给了其他女性专用报纸创刊动机,充分扮演了女性代言报纸的角色。十年下来,为了提倡"栽培好文化运动"而举办了"开放音乐会",在1995年制定了"平等夫妻奖",从而更扩大了民主化的家族关系,另外还邀请参加大选的候选人,主办女性政策电视讨论会,还设立了女性人力资源开发中心,对于女性权益的伸张以及女性参与社会、女性观念的改变、加强女性力量以及如何克服女性失业问题和女性的政治参与,她不断地努力,并稳固互赢政治,而展现出了实质性的女性运动。

出色的女性在政坛

李季卿议员,推行了性暴力防治法和有关家务劳动的所得税扣除以及其价值评估,为了女性地位的提升尽了最大的一己之力,并安排女性与社会相互接触的谈话园地,以谋求双方圆满的沟通,更协助那些处在被欺压的状态过着非常不合理生活、却没有放弃尊严而努力生活着的女性,让她们找回自己应该享有的权利。

她又积极参与挖掘及向社会告知隐藏的女性资源,她认为在男性中心的社会下,从女性最小的权利开始争取,并与男人共享,这才是开发女性能力的最高境界,也是找回自我的最高价值。

李季卿议员拥有丰富的政治背景，为了替女性找出问题的解答，集合了执政党和在野党的女性势力，透过政界活动和国会文化，展开外柔内刚的互赢政策，召开研讨会奠定出两性平等的共识，展现出她在未来社会蓄势待发的领导力。

像这样，韩国社会真正需要的是，随着时代所产生的优秀女性领导人以及女政治家，并在本质上保障女性参与社会的制度化。在民主化与商业化的过程中，女性的社会、经济地位，的确是伸张了许多，但在政治领域里，女性的参与度还是不足。在过去总认为女性的政治参与，好像是在侵害男性的政治权利，或是认为女性参与政治是某些女性精英分子为了追求实利所做的行为。

随着经济发展，女性的政治参与度也提高了许多，为了女性的政治参与能蓬勃化，需要在女性生活圈中活跃运作并扩大政党势力，政党的角色是最重要的。首先政党要加强制度上的改革，好让女性可以克服社会上的不平等待遇，以及对于女性的偏见，并去除参与政治需要庞大资金的各项因素，不要停留在表面上的关心，要积极地去支持女性，使其得以在政党中扮演重要角色。

韩国政党，女性崛起

  对以男性为中心的政治现象，感到失望和厌恶的人民，自然地去寻找清廉的人选，在寻找新媒体时代所要求的领导人物时，自然而然地突显出女性所占的位置优于男性，因此女性领导人的出现，不仅在政治圈内受到重视，就以整个社会来说，女性时代的形成算是自然现象……

  在第17届国会上，现身的三党代言人全是女性，这在韩国政党史是史无前例的。韩国党的全如玉、民主党的李承意、开放国民党的朴英善议员，以代言人的姿态同时出现。政党政策与计划，全透过代言人的明亮表情和声音，每天由电视和报纸传给人民，过去权威而面无表情的男性议员的政治舞台，现在改头换面了。

女性所占比例日渐升高

  女性议员的议席增加到30%以上，主席的比例也占了50%，在先进国家女性议员的比率早就占了30%-40%，我们现在才算是架构出OECD成员国应有的样貌。女性政治人物的参与度增加正反映出时代的流向，21世纪是感性胜过理性的时代，所以更需要女性的领导能力，懂得和谐而相互包容的女性特色更适合于政治，这也是女性会出现的因素之一。

对以男性为中心的政治现象，感到失望和厌恶的人民，自然地去寻找清廉的人选，在寻找新媒体时代所要求的人物时，自然而然地突显出女性所占的位置优于男性，因此女性领导人的出现，不仅在政治圈内受到重视，就以整个社会来说，女性时代的形成算是自然现象。

目前韩国算是世界上非常活跃的国家之一，每日都有所变化，在过去看起来绝对不会改变的区域，只要有了适当的动机就会马上转变，韩国社会已经备妥了让女性发挥最大能力的基本土壤，甚至于在制作将会出现女性总统的土壤，可以说已经形成了这样的基本舞台，这是从韩国的金融风暴之后，在经济上经历了严重的变化，带来了每个人在思维上的大变化，才会这么顺利地去接受改变，现在已有很多怀抱梦想和愿景的女性和女性政治家正积极地站出来，力量是相当庞大的。

韩国党正式开启了政治圈里的女性时代，说俗气一点，可以说是韩国党的"女用手提包政治"。"女用手提包政治"代表的是女性政治人的力量，同时也是全面登场的意思。

游戏规则　女人来定　160
THE POWER OF WOMAN

5%，这是代表韩国女性在社会所拥有社会地位的数值，在政治、经济、社会、文化等所有领域占有的比例。就政界而言，在第16届大选中，当选的女性议员是全体当选人的5.2%，也就是15人，在财经界女性也是了无可几，虽然女性的地位不断地提升，但女性还是在"公司之花"的男性文化中无法自由，并在政府的高阶职位里也很难找到女性。

影响力不容小觑

在2004年，女性的地位变化了。受2002年大选的影响，在年轻化主导势力的意念下，第17届大选成为实现女性政治势力化的转机，自从执政党和在野党保障了女性主席的比例为50%之后，开启了验证女性的威力、确认女性的破坏力的机会，但是最大的问题还是在于年轻的女性政治人物为数还是很少。

政治圈和演艺界一样，人气就是力量的舞台，女性政治人物要站稳自己的地位，需要有很大的决心，不光是要累积经验、怀抱梦想，还要为选民挥汗奔走、全力以赴，才能获得大众的人气和全国性的知名度，并透过革命性的言论，在巨大的政治活动中卖座成功，才能够堂堂地站稳自己。

在非常理的腐败、排队等机会、党派斗争等丑陋的政治黑暗中，要呈现出明确的政治理念和改革性的、优秀的议会活动，才能代表一个政党的形象站出来，而且要时常提升自己的政治理念，发挥出政治明星的魅力，同时也不能忘记，除非在大众的人气指数中成功地建立出相当的成果，不然就不能受到政治力量的肯定而站在次世代女性政治人的顶峰，这样才能稳固女性领导人的地位，不然就会在女性领导团中，马上遭到淘汰。

朴瑾惠的出现和意义

韩国党的首届女性党主席朴瑾惠，她个性上的优点是同时具备了强韧和温柔，在她越困难的时候就越能见到她的强韧，在问政时她却总是以温柔纤细的姿态出现。

她主张小政府的实现，就是她所希望的政治路线，她主张女性参与国会越多，政治就会越清廉、越民主化，腐败度也会降低，她又主张若不属于政府必须要做的工作，就要转到民间来执行，以确实奠定出国家的一贯政策，以挖掘未来的成长力，并成为保障自由和自律、竞争的共同体自由主义。她的主张不但把过去权威主义政权时期的男性专用空间，180度地转换为男女共享的空间，在39年下来，以第一届女性党首，在韩国的政治史上画上了转换点。尤其朝向院内的政党、政策政党、数字政党的三个目标，在推行双赢政治上，展现出惊人的瞬间爆发力和判断力，到目前为止在韩国党内，一直维持朴瑾惠效应。

在面对第17届大选，韩国党卷入弹劾后的暴风圈时，她引用了李纯臣将军（译注：韩国历史上制作乌龟船，抵抗倭寇的英雄）的壮烈台词："我们还有十二艘船，可以继续抵抗！"以救援的投手姿态出现，用微笑和眼泪把对韩国党原本不利的分数加倍提高，而稳定了议席人数。

朴主席总是表现出已故母亲陆英修女士的谦虚、和蔼可亲、有耐心、平和的语气和诚恳的态度，很会顾虑对方，尤其是特别会照顾被疏忽或处于困难环境的人。在基层问政时，会直接记录对方的谈话内容，认真倾听对方的发言，听后会去努力实现选民愿望，她用温柔的回问来确认问题，她是一个能使对方心情好转的和谐女性，这个特色完全显现出一个具有可担负重责大任的领导型人物特质。

不管在怎样的领域，她都警戒自己不允许有"因为我是女性，所以……"式的思考，足见朴主席的英勇领导力和处世态度以及亲和力，为迈向韩国首届女性总统的地位做准备。

在韩国历史上，以女性总统大选的候选人身份出选，她算是第一个，在美国也许在2008年大选，有可能出现希拉里·克林顿上议员出来竞选，但是韩国的大选是在2007年，说不定韩国会率先出现一位女性总统，这也是许多专家正在谨慎预测之中的事情。

女性总统，并非神话

　　不管是在政治界，或社会上各个领域里，芬兰女性不用靠背景，都是靠实力爬上顶峰，当然她们的社会环境就让她们可以与男性对等地发挥能力。芬兰高度的教育水平架构了国家竞争能力的基础，所以在教育上就自然地形成了男女平等的思维……

　　在北欧有"湖水和森林之国"之称的芬兰，最近被票选为最有"潜力之国"，其IT通信技术、高科技产业等，使芬兰成为世界上具有高度竞争力的国家之一，特别是没有贪污（芬兰被国际经济研讨会选定为，全世界政治透明指数居第一位的国家）是世界许多国家在忌妒又想学习的地方。

　　但是很少人知道，芬兰在男女平等和保障女性权利的层面也是国际间最高的模范国，1906年芬兰就开始保障女性的参政权，这使它深具进步而民主的传统。

　　芬兰的哈洛宁总统、国会议长丽达、赫尔辛基前市长伊娃、

游戏规则　女人来定
THE POWER OF WOMAN

南芬兰州的知事都是女性，她们在政治、经济、文化等领域中，展现了强大的力量。芬兰充分运用了高级人力，阁僚的 1/3 是女性长官，在民间部门，世界最大的手机公司诺基亚的莎莉网络会长也是女性，大部分的女性在各个领域展现出惊人的活跃，这不单纯是指有许多女性参与高阶职位，而是指女性的社会活动是非常普遍的。

总统，也可以是"她"

令人最印象深刻的是，芬兰不将男女平等问题视为女权主义或是人权问题，而是站在国家竞争力的层面来观望和规划。200 人的议员中就有 75 人为女性的国会，带领这个国会的丽达国会议长表示，因为全国人口不过 520 万人，所以需要充分地利用人力资源。

哈洛宁总统认为，芬兰巨大的竞争力来自于，青少年们不分男女只要自己愿意都可以在接受教育的环境下长大，这是指与男性接受同等教育的女性，如果去埋没她们的能力，这不仅是对于个人，对于国家、社会都是一种浪费。

在这样的脉络下，芬兰在保障女性权利和社会参与上，并没有所谓的配额制，在芬兰认为，当初神在创造世界的时候，已经把 50% 的配额给了女性，借着这种神的力量，芬兰女性自从拥有参政权后，实施的第一次选举中，200个议席就占了19个，每经历一次选举，女性议员的人数就增加一次。

不管是在政治界，或社会上各个领域里，芬兰女性不用靠背景，都是靠实力爬上顶峰，当然她们的社会环境就让她们可以与男性对等地发挥能力。芬兰高度的教育水平架构了国家竞争能力的基础，所以在教育上就自然地形成了男女平等的思维。

芬兰的教育理念，用一句话来形容就是"让每一个人，都成为一个被需要的人"。透过教育，男性学到了女性的价值，也明白了女性将是人生中很好的陪伴者。男性和女性在职场和家庭中，扮演相同比重的角色，一起接受教育和工作，这不是母鸡和公鸡之间的关系，而是以人与人之间的关系来共享共存。

芬兰人认为男女之间的差别只在于身体结构的不同，所以在这种思维下，结婚后先生随着太太的姓氏改姓，也不是件严重的事情。

哈洛宁总统的先生是国会专门委员，国会议长丽达的先生是陆军中校，在芬兰社会，太太的地位比先生高也是很自然的事情。

重视母性的国会议长丽达与自由奔放的哈洛宁总统是具有代表性的女性政治领导人，哈洛宁在政治上属于社会民主主义，国会议长丽达则代表的是保守派势力，不仅是这一点，两人在很多地方是相反的。

哈洛宁总统虽然是一国的元首，但具有朴素而节俭的一面，在国际社会上，却常常带头主张拥护女性权利和人权；国会议长丽达则强调家族的价值和母性的角色，认为政治对于教育和文化环境过于忽略，因此在生活政治上非常关注。

国会议长丽达认为，芬兰女权发达的原因，是来自于历史上的战争，1917年从苏联手上独立的芬兰，经历了两次与苏联的激烈战争，大部分的男性都上了战场打仗，后方由女性来担任起平常不会做的艰难工作，从这时起，芬兰人开始认为男女在能力上是没有差别的。

丽达指责许多国家的女性都对于政治漠不关心，认为政治是肮脏的，这种想法是不正确的，实际上政治的影响力是很大的，若要期待真正的变化，就要让更多的女性积极地参与政治。

Wisdom Talking For Woman

给女人的箴言

不要把生命看得太严肃，反正我们不会活着离开。
　　　　　　　　　　　　　　——赫尔福特

第六章

全新世代，女性不缺席

——女性未来定位大剖析

游戏规则女人来定

偏见退败，女性上台

有关女性的权利伸张以及地位提升，在西方国家经过一个世纪才达成，而韩国在一个世代就达成了。以这样的情形来看，韩国在女性权益的维护上，足够成为亚洲国家中的佼佼者……

近年来，女性积极投入社会，以耀眼的成绩展现在社会的各领域中。过去的韩国，女性在权力社会中是遭到排挤的。随着时代的变化，以前待遇仿佛是二等国民的女性，不管是在政治、法律、经济、文化，甚至在军队和体育界，都急速成为核心势力。

女性还有很长的路要走，但在社会上已经带来了很大变化，也做出了突破性的成绩。其中长久以来延续下来的户长制废止之后，几千年下来的男女差别，在很短的时间就做了一个结束。

知识就是女性力量

不过在 20 世纪 70 年代，大学里的女性人数还是很少，而没有女厕的学校还很多。但到了 21 世纪，不仅是女厕数量增加，全校第一名毕业的女生也占了三分之二。原本女性参与较少的政治界或法律、经济、行政、外交领域，女性的参与率经过 20 世纪 90 年代到 21 世纪，增加到五倍以上。

以政坛来说，女性议员的人数从 2000 年的 6%，到 2005 年急速上升为 13%（美国 14%、日本 7%）；以法律界来说，2005 年初新任命的法官中，女性法官占全体的 49% 就是 54 人。

2003 年外务考试的合格生 28 人中，有 11 人是女性，2002 年新任命的外交官中，女性就占了 50%。在短短两年之间，韩国的女性法务长官、大法院法官、宪法裁判所裁判官，都变得由女性来担任。在竞争激烈的行政考试中，女性的合格率，从 1990 年的 2%，到了 2005 年增加为 34%。

有关女性的权利伸张以及地位提升，在西方国家经过一个世纪才达成，而韩国在一个世代就达成了。以这样的情形来看，韩国在女性权益的维护上，足够成为亚洲国家中的佼佼者。

韩国的女性权益会有今天的伸张，靠的是过去 20 年的扎根，20 世纪 80 年代的民主主义运动、教育的扩大，在其中扮演了重要的角色。20 世纪 70 年代进入大学的女性只占了全体的 25%，而现在有72%，该比例算是在全世界最高的了。尤其韩国的女子大学的影响力很大，超过一百年的历史和优秀的读书环境，已经奠立了极佳的口碑，这些使毕业生们的实力相当优秀，也因此容易进入成功的轨道。

但另一方面，还是存在着许多障碍，阻碍着女性的前进及影响女性的地位。高阶公职人员还是很少让女性来担任，到目前为止可分给女性的职位，算是少之又少。所以一旦有女性去任职，那么媒体就会用"破例"等语句来炒新闻。

在商场上的情形也是相同。虽然比起以前聘用女性的比例有所增加，但大企业以及占领导地位的韩国企业的重要职务、经营干部职务，就算有女性，也屈指可数，具备公司管理职资格的女性，占就业人数的不到50%。

因此有很多人在批判，韩国的女性运动过于依赖政治领导人下达政策，一般女性自己为了要试图变化而展开的活动还是不足，不是不足，甚至可说是几乎没有。目前韩国虽然具备了扩大女性权利的适当体制和法令，但这只限于一部分懂得运用的女性，所以是个问题。若要让整个体制和法令充分发挥效用，就要由所有女性自己主动去先行改变思维和观念才可。

女性力量，撼动未来

让韩国发光的知名女性中，找不到政治家和经济家是令人惋惜的事，让人觉得韩国女性的先进和跳跃，是否还停留在井底之蛙的阶段，难道韩国就不能出现像英国的撒切尔首相一样的政治家？

女性和男性可透过家族的结构、父母的态度和价值观，来观察各自的角色。到现在为止，男性的角色是被期待为强势及进取的，是具有社会性以及外向性而积极又具主导性的，但相对的就欠缺感受性和母性爱的一面。

相反的，女性的角色向来是顺从的、被动的、依赖的、情绪的，并被要求具备同情心、吸引力以及温和、柔顺的。

直到现在为止，父母的态度和价值观依旧带着传统思维，指导女孩应该要顺从、温柔、善良，而男孩子应该有勇气、有领导力、富自信。所以要求男孩子绝对不能哭，打架也要赢过别人，要像一个男子汉大丈夫。

忍气吞声已经过时了

相反的，要求女孩子需懂得忍让，不然的话就没有人喜欢，而且要注意外表才行，因此社会上就形成了许多与这种价值相关的障碍。这使女性成为顺从、必须牺牲的角色，头脑的聪明不如外表的美丽重要，自我能力的开发不如嫁个好老公重要，就算有了工作也要把家事做好。在广告或电视剧、电影里，经常出现小鸟依人的女性，透过男性的相助，最终得到幸福的角色，而且都很受欢迎。

在童话或漫画中也一样，《美女和野兽》或《人鱼公主》等人人耳熟能详的故事，孩子们重复阅读，然后把故事里的角色在心中定位。到目前为止，很少人会去质疑这样的思维是不是合理。

所以，现今评估一个女性，外表的美丽成为一个重要的标准，这种现象造成女性观念的迷失，并引起社会上的许多问题。

根据传统观念认为，在男性社会中有女性来参与并不恰当，而在这种情形下，女性想要取得地位，快捷方式就是遇到有权力的男性，因此女性外表的美丽，变成吸引男性视觉的重要道具。

但是到了现代，这些概念本身就变化了，女性具备了知识和能力，随着已变化的思维，也带来了女性角色或定位的变化。根据杂志《月刊中央》创立 30 周年纪念实施的调查显示，"韩国的女性力量里最具影响力的女性"是韩国党的朴瑾惠党主席，得到了 86.5% 的支持，与第二位的前法务部长江锦实有着悬殊的差距，她也被认为是有机会成为将来的女性总统的候选人之一。其次还有开放韩国党的议员权让淑总统夫人。而在文化界有朴世莉、赵树美、郑京和等人，也赢得了许多的票数。接着还有金英兰大法官、歌星宝儿、现代集团会长玄晶恩、电视剧作家金守贤、作家朴京利，以及韩国党的代言人全如玉等。

具有影响力的女性调查结果中，找不到 386 世代（译注：这是韩国俗语，指 30 岁的年龄层）是令人关注的部分。具有影响力的十位女性之中，20 多岁的仅有宝儿一人，40 岁年龄层的是金英兰、江锦实、全如玉三人，50 岁年龄层的是权让淑、玄晶恩、朴瑾惠三人，60 岁年龄层的是金守贤、韩明淑二人，70 岁年龄层的是朴京利一人。

主导韩国社会的所谓"386 世代"，居然连一人都没有。这项调查不是由年轻族群票选的，而是由 Opinion Leader（意见专家）们票选出来的，将偶像歌手宝儿选为具有影响力的女性，也是很令人注意的现象。从影响力层面来看，一个大众歌手可以凌驾权力、财富、政治圈的核心人物，这也算是一个新的社会现象吧。

游戏规则 女人来定　174
THE POWER OF WOMAN

前十大具影响力女性

以职业来说，政治人物有朴瑾惠、韩明淑、全如玉三人，为数最多，法律界有江锦实、金英兰，作家有金守贤、朴京利各二人。剩下的三人则是总统夫人、歌手、经济人。这样的结果，与美国的微软公司百科字典网站"MSN Encarta"在迎接国际女性日而自行票选的十位美国最具影响力的女性有很大差距的。美国所选出的女性职业有，经济人占三人、政治家二人、法律二人、前任或现任高阶官僚二人、媒体界一人。

比起美国，韩国在商业界的女性较少，而女性作家较多。在韩国找不到像脱口秀艺人奥普拉·温弗瑞（Oprah Winfrey）一样出色的女主持人，也没有女性高阶官僚，勉强来说，全如玉议员可以是媒体出身的代表。不过特别的是，因第一夫人角色而列入最具影响力排行的女性倒挺多见的，或许是韩国才有的特别现象吧。

另外，前十名最具影响力女性所出身的学府，玄晶恩会长、全如玉、韩明淑议员都是梨花女子大学出身，江锦实前长官、金英兰大法官是国立首尔大学出身，江锦实、金英兰、玄晶恩是高中的第一学府京基女高出身。朴瑾惠主席是私立理工学院西江大学，剧本作家金守贤是高丽大学，权让淑女士和作家朴京利是高中肄业和国中毕业，宝儿是检定考出身。

在韩国社会，若要追求财富和名利，似乎一定要有学历，而出身地和家族血缘关系似乎也具有同样的力量。

此外，有几名虽没有列入十大韩国社会具有影响力的女性排行榜，但是有10％以上的人认为其具有影响力的，还有女性部长官张河珍、高尔夫球选手朴世莉、前任韩国日报社长张明秀、韩国消费联盟会长郑光母、湖岩美术馆长洪罗姬、淑明女子大学校长李庆淑、SK电信常务理事尹宋、前任总统夫人李姬护、总统府宏报首席秘书官赵纪淑、池律大师、前任议员秋美爱、梨花女子大学校长申仁玲、作家朴完序、加川吉基金会理事长李吉女、爱敬集团会长张荣信、茗Film社长申载茗、CJ Entertainment副会长李美庆、成住国际公司社长金成住、广播界人士杨熙恩等人。

还有，女性总统候选人排行榜则有朴瑾惠主席、前任法务部长官江锦实、韩国党的议员韩明淑、民劳党议员沈相庭、前任民主党议员秋美爱等人。

而反对天圣山的隧道建凿而绝食抗议的池律大师，被列入具有影响力的女性，还有前任法务部长官江锦实，踏入政坛一年五个月后，重回律师行业已经八个月了，但她依然享有人气与名望，并是理想女性总统人选排行榜上的第四名，这都是调查结果中令人很瞩目的地方。

理想女性总统人选的排行榜中，前三名都是现任议员，其他的除了前任法务部长官江锦实外，都是政治人士。江锦实、沈相庭、秋美爱三人皆是40岁的年龄层，朴瑾惠主席则是50岁的年龄层，韩明淑议员是60岁的年龄层。其中前任法务部长官江锦实要成为总统的可能性很低，因为她本人表示对政治没有兴趣。而朴瑾惠主席和韩明淑议员之间的竞争关系，也是有趣的部分。

国际上的女性新势力

其他同样使韩国发光的女性，还有高尔夫球选手朴世莉以及女高音曹秀美、手提琴家郑京和、抗日运动家柳宽顺、作家朴京利、大提琴家张汉纳、芭雷舞手江秀珍、舞蹈家崔胜希、前总统夫人陆英修女士、射箭选手金守宁和韩国家庭法律咨询所所长李泰英。其中柳宽顺、崔胜希、陆英修是已故人士。发挥韩国之光的女性以职业分类时，音乐家有三人（郑京和、曹秀美、张汉纳），运动选手有二人（朴世莉、金守宁），舞蹈家有二人（江秀珍、崔胜希）。按年龄段来分类时，20岁的年龄层是朴世莉、张汉纳二人，30岁的年龄层是江秀珍、金守宁二人，40岁的年龄层是曹秀美一人，50岁的年龄层是郑京和一人，70岁的年龄层是朴京利一人。

使韩国发光的海外人士也不少。张汉纳在九岁留学美国；茱丽亚音乐学院出身的郑京和，也是在幼年时期到了海外；江秀珍、崔胜希在高中毕业后就出国留学；曹秀美和李泰英所长也是留学人士。除此之外，前任文教部长官金玉吉、梨花女子大学荣誉总长金活兰、明成皇后、滑冰选手金然儿等也是让韩国发光的女性。

　　让韩国发光的知名女性中，找不到政治家和经济家是令人惋惜的事，让人觉得韩国女性的先进和跳跃，是否还停留在井底之蛙的阶段，难道韩国就不能出现像英国的撒切尔首相一样的政治家？或是像菲奥莉娜一样杰出的女性CEO吗？希望在不久的将来，我们也能拥有这样的人物。

Wisdom Talking For Woman

给女人的箴言

　　　有幽默感的女人，不是会说笑话的女人。是听了男人讲话时，笑得出的女人。

　　　　　　　　　　　　　　　——无名氏

美国心，玫瑰情

《美国心,玫瑰情》里主要的女性角色，和现在社会的女性有个共同点，就是为了让自己更加突显，总喜欢利用他人，总把外表比自己差的朋友安排在身边，以显示自己的价值……

山姆曼德斯导演在1999年的作品，好莱坞电影《美国心，玫瑰情》里出现的红色玫瑰，就是美国之美的象征，也是主角赖斯特的幻想世界的象征。

每次描写幻想世界的时候，玫瑰花瓣就会展现特有的姿态，以广泛的意义来讲，玫瑰花瓣不只是指单纯的性象征，也是指包含物质的成功和财富、名誉等的"外在价值"。令人晕眩的红色，具有视觉刺激性的玫瑰花瓣，是美国人所渴望的无止境的财富、权利、快乐，也是现代美国社会的大众努力的目标。

玫瑰花瓣下的意涵

换句话说，剧中男主角赖斯特在期盼着太太卡罗琳的中介业能够成功，而插下玫瑰花的场面，就是美国之美的隐喻。进一步来说，玫瑰花瓣代表的还有死亡，也就是象征着无止境的外在价值追求、盲目的性爱、毒品、暴力、偷情背后，所隐藏的家族和社会的破灭。《美国心，玫瑰情》里的玫瑰花瓣是血色的红，在最后，盲目地追求外在价值终于导致了破灭。

这部电影出现四个女性：男主角的太太卡罗琳、女儿珍、珍的朋友安杰拉、瑞奇的母亲。她们都是自我中心的女性。电影里的女性对话是跋扈的，她们完全活在自己的世界里，也很怕别人踏入自我领域里。卡罗琳为了追求自我的享受和财富，和小珍一起过着外表至上主义的生活，整天忙着装扮自己，好让别人赞美。

很在意周围的眼光，而特别重视许多男性之间的关系，但却从来没有过性经验的安杰拉，表达出美国重视社会物质而很难找到内在自我的现状。在《美国心，玫瑰情》里出现的女性，有以下几个特征：

太太卡罗琳

身为母亲和太太的她，重视金钱和成功，最后与她的偶像，不动产界的王子发生关系。她只是为自己的形象而利用丈夫，对她来说丈夫只是一个要去做她不想去做的事情的可有可无的人物。

女儿小珍

由于受到父母的影响而讨厌父母的干涉，她用浓艳的妆扮把自己真正的美丽给遮住，她为了隆乳手术而努力存钱，强调外在美的标准，是一个认为在别人看来漂亮就是最高境界，而沉迷于包装自己的年轻人。她的行为不仅是如今的美国社会、也是全世界青少年的缩影。对她来说，从外表装扮自己是生活的姿态，也是目的。她在家庭和学校间傀儡似的来回，这也是在崩溃中的美国社会家族关系中，一个思春期的少女唯一可扮演的角色。

小珍的朋友安杰拉

她十二岁就开始清楚男人对自己有渴望的眼光，认为自己有独特魅力，并拒绝成为一个平凡的人，认为成为平凡的人是一件很悲哀的事情。为了将来成为模特儿，她不择手段地去争取。透过这样的行为，清楚地展现出如今美国社会的形态。

再深入分析一下电影中主要女性的性格，与社会又有怎样的关联？而又形成怎样的人际关系？

太太卡罗琳

身为不动产中介业者，她自认为是手腕高明的人，主张完美主义而追求物质享受，认为消极的丈夫无药可救，对于没有时尚感的女儿，总喜欢用讽刺的语句给予忠告。她相信自己的想法都是对的，但是过度追求富裕而陷于成功妄想症，终究招致很大的过错。

首先，她对于成功、财富、外表，有着盲目的执著，认为自己是很特殊的人，也只有特殊身份的人，才能够了解自己。同时也无法忍受自己没有达到预期的目标，是一个自私而喜欢自我陶醉的人。

女儿小珍

电影开场白的时候，她对男友说："可不可以帮我，把我那爱流口水的爸爸给杀死。"这是非常荒唐的事情。其实，小珍是在我们生活周遭常看到的那种喜欢与朋友聊天，也希望得到父母宠爱的普通少女。

她讨厌父母亲的行为，但这在社会上被认为是错误的观念，因此她又感到自责。其实，她心中最爱爸爸，不希望爸爸对自己的朋友持有那种男人对女人的眼神以及感情，希望将父亲的感情转移到自己身上，但是又无能为力。失去父母关爱的她，唯一能做的是与父母断绝对话，并用冷漠的双眼来看待。

小珍的朋友安杰拉

男主角赖斯特问起太太卡罗琳："跑到屋顶上，对着直升机露出一对乳房的那个少女，现在在哪里呢？"从这段对话我们可以知道，安杰拉就是赖斯特曾经拥有、而现在已经失去的那种玫瑰花瓣似的少女。

玫瑰少女安杰拉，总想要受到每个人的瞩目。她拒绝平凡，希望自己特别的耀眼，她向朋友夸口自己的性经验丰富，但她其实连一次性经验都没有，是个涉世未深的少女。

她为了受到瞩目及引起朋友注意，整天讨论与性爱相关的事情。她从瑞奇那里听到自己并非很漂亮而且还很平凡，而产生了强烈的反弹，她非常希望自己能够很特别，从这里可以看出她的性格障碍。

她不能忍受自己不是大家关注的焦点。为了得到关注，她无所不用其极，甚至用性来诱感。为了得到称赞，她不惜花费时间、金钱、努力。

以上《美国心，玫瑰情》里的主要女性角色，和现在社会的女性有个共同点，就是为了让自己更加突显，总喜欢利用他人，总把外表比自己差的朋友安排在身边，以显示自己的价值。从安杰拉的情形也可以看出，与外表比自己逊色的小珍成为朋友的目的何在。

角色的意义

还有就是女性角色的个人主义化，她们的生活方式都不会考虑别人，只会担心自己是否有损失。这个部分从卡罗琳的角色可以发现，丈夫把她的丰田汽车卖掉，换了一部他自己喜欢的汽车时，气炸的她狠狠地用脚去踹丈夫的新车，完全只在意自己的物质欲望，疏忽了丈夫的感受。

另外就是电影里，明显地把女性描写成男性的性爱机器。男主角赖斯特在维持婚姻期间与妻子的关系开始转淡，但当他遇到了女儿的朋友安杰拉后，总算恢复了活力，找回生命的崭新挑战。

电影中也把女性过度表现为引起男人注意的手段和媒介。安杰拉和小珍在篮球比赛的中场休息时担任拉拉队，以及透过性商品化来推动的关注力，从这些都可以明显地看出来。

再过来就是，不为男性着想，女性只想把男性踩在脚底下等过度自我的行为，比起以前的电影，有着强烈的自我主张，而且两性平等的观念也很具体化，看出女性的教育水平提高，主动参与社会以及地位也得到提升。

《美国心，玫瑰情》电影里所表现的，不管是在东西方，由于物质万能主义造成家族之间的感情瓦解，只为了自己的成功，盲目追求富裕生活的太太；在无聊的日常生活中无法寻找生活的真正意义而最后死亡的先生；想要得到爱情和关注的独生女，最后落得悲剧收场。

在戏里，女性已经忘记了自我要扮演的角色，只强调自己的理想和自己有兴趣的部分，她们其实都活在自己的痛苦世界里，也忘记了家庭的重要性，而不知不觉成为个人主义。在这样的电影里，其实女性的角色是最重要的。身为一个太太，有应要持守的地方，也需要为了家人而牺牲某些部分，但是在这部电影中的卡罗琳，对于这样的女性角色，显然没有多大兴趣。

夫妻间没有感情，只为经营社会上的婚姻架构，而过着各自的生活。他们之间没有所谓真正意义上的家族关系。实际生活中，对于对方是互不关心的，也不在乎对方有怎样的想法，不在乎对方过着怎样的日子。这是在压抑和无聊的日常生活中，期待逃避的丈夫，和陶醉在物质主义里的太太所造成的结果。

另外一个家庭小珍男友瑞奇一家人，也是过着充满隐忧的问题生活。夫妻之间没有任何对话，女性受困在家务事里，生活中完全没有自我可言，只是个为家人而牺牲的女性，在心中只有孩子的男主人的权威下，无法抵抗的，这样的家庭势必会有危机。

女性在社会上活动的水平提高，比起过去，在很多领域里可以看到女性的活动，但是还是有为数众多的女性，为了守护家庭而牺牲自己。所以现代社会有关女性的危机，我认为不是在社会生活中可以解决的，而是首先由家族成员之间的歧见和家庭危机方面来着手改变，才能获得解决。

家人永远不能放弃

在急速变化的时代里，女性偏安于在自我世界，疏忽了家族成员之间的感情，喜欢享有自我空间，对于自我的素质提升比较不在乎，只留意于外貌上的装扮。

家人的情感、自我内在的充实，没有自我的财富、名誉以及外表的美丽来得重要。重视从社会上得到的满足，对丈夫的关怀变得疏忽。比起过去，现代的女性重视物质，着重于外在价值上，丈夫的失业以及苦衷她并不在乎，只担忧即将要面对的物质缺乏，失业会造成的生活上的拮据，换言之，就是把金钱看得比人还重要。

另一方面，这也不是女性自己要这样，而是由社会架构和男性的行为，导致了这样的状况和结局。由于女性积极参与社会活动的领域扩大，性爱关系也跨越了夫妻间的范围。因而家庭关系解体，在社会引起的不伦问题，尚且不论孰是孰非，但是到目前为止，现在社会在女性与男性的邂逅和性关系上，还是让男性处于优势。

现代社会的女性相信，在将来女性势必会更积极地参与社会活动，给现在的架构也会带来很大的变化，把女性问题以更宽广的观点来观望时，就能摆脱现在的错误，让女性积极地启发自我和实现自我，而藉此将会出现女性迈向社会的新方案。所以，就有必要来探讨，女性本身要如何去定位现在的社会结构中自身的地位和未来自身的价值。

首先，女性对于自我的社会参与，要知道将会发生什么问题，但也不需要担心，要设法迎面来对应，对于自我确定的信念和价值观，要能坚定自我主张，也要因时因地随时提出必要方案。过去被蒙蔽的女性潜在力量被唤醒后，女性势力会在整个社会上抬头。

《美国心，玫瑰情》中的卡罗琳面对丈夫的死亡，省悟到自己的过错，并藉着社会活动，了解到自己过去的不足，期许自己成为不动产界的一大女性领导者。

在每个人的个性越趋明显的现代社会中，男女的领域相信会变化为更加顾虑自己的对方，也会为别人更尽力地服务。

在物质万能主义下，为生活挣扎的现代人，需要体认到金钱绝对不是万能，透过爱情和两性和谐，创造男性和女性合而为一的社会氛围，而不是让女性一方去探讨女性问题，应该由男女一同谋求解决的态度。相信它的重要性也会继续增加，也确信会有这天的来临，因为如果一个人活着，却找不到希望和生活的意义，那就等于是没有灵魂了。

Wisdom Talking For Woman

给女人的箴言

一个渴望飞翔的人，不会满足于爬行。

——海伦凯勒

曼妙女体，不是唯一

所谓"女性的每一条路，都可藉由性买卖谈成"。这是金导演对每个作品的相同解答，性买卖对女性的人生而言，的确是一个现实状态，但若把它赤裸裸地呈现时，大家就会认为很尴尬并难以面对……

说起让韩国电影史发光的导演，就令人想起知名导演金基德。他的电影作品《索玛利亚》在柏林影展得到导演奖，《空屋》一片也在威尼斯影展获得导演奖，因而成为电影界的一个实力派导演，他是个不会只拍大众化的商业片，而以作品性为主，拍出令人难以忘怀的电影来表达自我内心世界的年轻导演。

在金导演的作品里，一定有个女性出现为主角。而且她不是年轻华丽而明亮的人物，而是一个喜欢思考，有点阴暗而且心思缜密的女性。这女性不是处在洁净或良好的环境里，而是在残酷而困难的环境里生活，牵引着整个故事。

那么，金导演要描写的女性是什么色彩呢？

我想探讨一下，他所看待的女性的真正意义，有助于了解韩国电影的流向中，女性角色的变化情形。

女体的迷思

金导演在电影里，常把女性描写为在权力下的性对象。这是导演的作品里常出现的主题，也就是登场人物受到暴力和残酷待遇，并产生暴力性关系，或是在权力关系下形成的性关系。权力下形成的性关系，有着鲜明区分的男女位置，对此，导演的眼光在电影中表现得也很明显。从处女作《鳄鱼》到《岛屿》、《收件人不详》、《蓝色大门》、《空屋》、《索玛利亚》等，就是用各种形态来表现。

所谓"女性的每一条路，都可藉由性买卖谈成"。这是金导演对每个作品的相同解答，性买卖对女性的人生而言，的确是一个现实状态，但若把它赤裸裸地呈现时，大家就会认为很尴尬并难以面对，但这的确是现实生活里的状态之一，性买卖就是人生的形态之一，不仅是个人的生活形态，也是社会结构里的一种存在模式。所以在权力和性别、支配和受支配的角色分担中，男性和女性有着相同的比重，少了谁都不行。

当然，要去理解一个在性爱上受到虐待的女人，我想在思考方式上，男性与女性的确会有所差距。

　　金导演的电影里出现的女性，都希望在社会结构内得到大家对她们的认定。这是导演自己在心中不停循环的逻辑，也是一个悲伤女人传达的讯息。这些受指责的女性，若用另一种眼光来看待时，她们是在毫无希望的人生中奄奄一息的女人。

　　20世纪90年代后，以女性观感为素材的电影有《爱玩的女孩——娼》、《把我送给你》、《说谎》、《妇产科》、《处女们的晚餐》、《低沉的声音》、《气息》等。

　　在这里有必要探讨一下，这些把女性描写为性主体的电影，是如何重组了女性，而且是如何给了男性和女性新的定义，以及在电影空间和视觉里的性别权力关系，是如何呈现的。

　　前面所提到的电影，大部分都把女性描写为满足男人性欲望的对象，而女性只是受摆布的被动性人物。换句话说，女性的性，只是为了取悦男性，只是为了呈现男性的性欲望而存在的东西。令人惋惜的是，电影中几乎找不出任何想要描写出女性也是性的主体者之一，并具有欲望的意图。

　　电影《塑身内衣》和《飘》所呈现的女性，透过夸张的女性曲线，呈现出过去饱受拘束的女性。电影里的内衣也是对于当代形象的一种比喻。电影《飘》里的费雯丽，为了勒出细柳腰，让佣人为她穿上马甲；电影《七年之痒》里的玛丽莲梦露，被通风口吹起的风扬起裙摆的经典画面；电影《朱门巧妇》里的伊莉莎白·泰勒，为了吸引丈夫而采取的挑逗性姿态……这些都不被认为是让女人害羞难堪的行为，反而成了一种流行趋向，而使大家争相模仿。到了 20 世纪 80 年代之后，麦当娜、金贝辛格、莎朗斯通等性感明星，也透过内衣外穿，表达了强烈的性欲望和自我主张。

带有轻松感而又使人感伤的好莱坞式浪漫喜剧片，以及法国式的逗趣诙谐电影，及韩国电影《婚姻故事》以及《想尽办法杀死元配》等，这些电影都巧妙地打动了观众的心。

Wisdom Talking For Woman

给女人的箴言

同样的瓶子，你为什么要装毒药呢？同样的心理，你为什么要充满着烦恼呢？

——无名氏

游戏规则 女人来定 192
THE POWER OF WOMAN

这个世纪，由你做主

  尤其主妇也开始工作，双薪家庭越来越多，角色的固定思维开始起了很大的变化。但是，女性参与社会活动的地位开始提升并不断提升的现今，性角色的固定观念，是我们社会急需改善的部分，而事实上还是有很长的路要走……

  社会科学中的"角色"，是指研究人类行为的最基本分析单位，这可连接到个人的行为和社会结构的特性。所谓的性角色是以性别为基本，在社会上所存在的个人角色，一般来说是以性别来区分所担任的角色，若说一个社会是否能让各自发挥所能，这要看社会对于男女要求的角色为何。

  过去二十年来，韩国社会在各个领域中急速变化，在以儒家思想为基础的架构上，西化和产业化带来的急速变化，对每个人的生活形态和价值观，都有了很大的影响，尤其在角色扮演上，带来了很大的变化。

传统的价值观瓦解了，在既多元又复杂的产业社会里，为了适应生产环境的专业及分工，女性就具备了可对应的能力。由于产业社会型生活以及机械化、方便化、家族化，女性在家务劳动上的负担减少了。

两性关系进化论

以前的广告里，男人是主动而积极的，具有计划且理性。相反的，女性是被动而附属的，没有计划而情绪化的；男性是开拓自然的文明人，让别人可以依靠的角色，而女性就得要长得动人漂亮，好去依靠别人，是备受保护的角色。

但是现在，社会观念之改变非常多，带来了崭新的世界。我们正在迎接这种潮流，所以女性现在可以参与社会活动，以传统男人为主的价值观也逐渐在变化，缔造出了新的价值观。

尤其主妇也开始工作，双薪家庭越来越多，角色的固定思维开始起了很大的变化。但是，女性参与社会活动的地位开始提升并不断提升的现今，性角色的固定观念，是我们社会急需改善的部分，而事实上还是有很长的路要走。

性在人类史上占据了重要领域，不仅形成了男性、女性，也形成了一种文化。到目前为止的所有社会文明，都是在以男人为主的支配观念下，将男女之间的生物学性夸大之后，把男性规定

游戏规则 女人来定
THE POWER OF WOMAN

为扮演支配性的角色，女性规定为扮演附属性的角色。而一直以来，不管是男性或女性，都认为这种被认定是理所当然的。

特别是，女性在男性支配的价值观下，处于不平等地位，被认为是劣等而只能依赖男性，这样的思维影响了整个社会，更规划出文化的内容和形态。因此在男性优越的体制下，形成了所有的女性特色。

现实世界里，某些女性担任着只停留在男性视线下的目的性角色，而女性在缺乏主体意识的状况下，在以男人为主的体制里，持续营造出男性所期待的"温柔"和"美丽"。换句话说，以前的女性特色是为了满足男性的欲望，而塑造出来的形象。后来在西方文化的影响下，社会的风气逐渐开放，女性的思维也有了新的变化，崭新的女性形象终于奠定了。

20世纪60年代开始，20世纪70至80年代西方文化的影响逐渐加强，女性享有了与男性同样的教育机会，从而培养了自己的能力，透过参与社会也提升了地位，建立出新女性形象。但到了20世纪80年代，出现了"兼具美貌、才能和实力的新女性精英分子VS以美貌和性为号召的女性"这种两极化的现象。这无关与女性的意愿，是由社会结构所形成的被动性状况，而女性只好去适应该状况而已。

由于社会对于女性地位的提升不是很积极去进行，所以女性处在社会的弱势地位，甚至为各种目的，要求自己去符合男性要求的女性形象，以这种歪曲的现实世界里的女性，硬要把自己固定在女性形象的框架里。

但是经过20世纪90年代之后，随着时代和社会急速的变迁，女性的形象也变化了，这样的变化潮流，对整个社会带来了很大的影响。给女性的人生，政治、经济、社会、文化、电影、广告、广播、文学、体育等许多领域带来了各种变化，形成了一股新的社会现象，也带来了焕然一新的气象。而藉由女性观念和思考的转换所带来的变化，社会开始要求更有水平的女性形象。

Wisdom Talking For Woman

给女人的箴言

不要贪慕虚荣。虚荣是一剂毒药，而且会上瘾。

——无名氏

3F时代已经来临

数字革命也加速了女性时代的来临，召唤了3F（Feeling、Fiction、Female）的时代，显示出纤细性、柔软性、创意性、和谐性、均衡性是很重要的……

过去用来区分男性和女性角色的界线，可以说是已经瓦解了。未来的新生代是属于中性的，不像传统那样对于男性和女性特色作出明显区别，而是具有多样化和个性，这样决定出一个人的行为，意味着新人类的时代。因此女性的活动幅度加宽之后，女性化的价值、分享、照顾、考虑、沟通、信赖，这些将会成为崭新的对策性价值。

在追求变化和竞争的女性时代里，具备美丽的内在竞争力之女性，是韩国经济发展和奠定社会地位的崭新动力。在21世纪情报化时代里，需要懂得辨识企业所处的环境和时代状况，并主动对应的新女性形象，充分履行相关社会角色和责任的女性，她将是在知识基础社会中，架构出重要连络网的新核心体。

进入21世纪之后，人类的经验多样化并急速变化。这样的变化无非是在告诉我们，已经到了新的转接和切换的时期。21世纪的文明特征可以整合成为迈向知识情报化、国际化、女性化的世纪。

在21世纪，人们生活在总体性的知识人生。20世纪40年代研发出计算机雏形，20世纪70年代开始了网络雏形，没人预知到计算机和网络将会带来人类史上革命性的变化。

女性知识浪潮来袭

计算机系统飞跃发展，成为传送知识情报的新媒体，网络爆发性成长，目前每天约有五亿人口在使用网络。以网络为基础的网络商业，截至2005年为止，有7兆美金的市场，可见形成了巨大知识情报和知识经济的浪潮。数字革命也加速了女性时代的来临，召唤了3F（Feeling、Fiction、Female）的时代，显示出纤细性、柔软性、创意性、和谐性、均衡性是很重要的。

随着20世纪冷战的结束，带来了国际化的另一个潮流。市场开放了，在无限制竞争下，国际之间的相互依赖必然会增加，再加上知识情报化和国际化的潮流，使每个人获得了自由选择的多样机会，而以产业为基础的社会，各部门的结构和可能性，以及经营方法上，都有了根本性的变化。

知识情报化、国际化所带来的最重要变化，就是教育的改革。在这个时代里，知识的学习和运用，将会受到教育质量影响。换句话说，社会要求的创造性知识以及高等教育普及和研究，已经成了保障社会未来的竞争力，而国际间的各种教育改革，当成本世代的核心课题。

我们的社会也需要努力去寻找符合产业的高等教育系统，以稳固下一个世代的竞争力、创意力、优秀性，这在现实上有其确切的必要，并应当积极进行。此外，让人感受最深的，就是女性已经成为文明的中心。在以知识为基础的社会中，成了两性平等关系中的新主角。现在，女性人才的培育，对于人类文明史、国家发展策略以及竞争力来说，是极其重要的。

再者，国际性企业不再是因为外在压力，而是因为企业本身的需求而雇用女性。以国内外来说，女性人才的策略性运用是政府的重要课题。在21世纪，女性若要在社会中表现活跃，需要在所有的层面上得到自由，尤其在职场、婚姻、教育等方面，在决定性的那一刹那，都需要有充分的自由。

女性人口占全世界人数的一半，所以一个国家要发展，从政策立案起，要认定50%以上的女性发言权，并充分认定女性的社会地位。因为21世纪的女性形象，在所有的意义上代表的是自由（Freedom）的获得。

韩国要在无限竞争的21世纪中存活下来，就要有高级女性人力的策略性培育以及运用，我想没有人敢否定这件事实。现在，韩国要如何去培育这些高级的女性专业人才，让她们具备竞争力来参与国际舞台？这将是如何增强国际竞争力的命题。

让她创造这世纪

相信每个人都会认同，女性教育就是整合21世纪、创造新文明的重要一环，尤其在男女差别严重的韩国教育中，开放所有教育机会和领域，提供国际性的教育范例和架构，确实带来了女性的巨大变化。

过去，女性过的是附属性的人生。但是现在起，女性透过教育，带着信心去挑战新的文明，只有这样才能在将来开启崭新次元的真正开放。女性选择自己想要的人生，充分发挥自我能力。将自己贡献于历史和文明的时代终于来临了，为了拥有这时代的幸运和机会，女性需要对自己有信心，女性人才的蓬勃化，不只停留在女性自我实现的层面，为了强化韩国社会的竞争力，加强社会结构人情化，让女性在社会上扮演主导性角色，是理想的途径。

未来学家说，21世纪的竞争力是全球化（Globalization）、技术（Technology）以及女性（Woman）。还有的说，在尖端技术的

游戏规则 女人来定
THE POWER OF WOMAN

时代里，需发挥女性的特色，也就是以感性来取胜。21世纪，女性在各个领域大举出头，在这个强调高度技术的时代里，女性会急速出头的原因是，人类的感性所带来的差别化。女性具有懂得考虑对方的感觉，灵敏的直觉等能力，也懂得将这些能力适度调整，在21世纪型的事业和经营上，女性人力的运用和培育，已经成为国家政策的首要议程。

21世纪的新潮流之女性和女性革命，源自于IT产业的崛起。20世纪以肉体劳动和制造业为主的男性社会，已转换为象征计算机和网络发展的21世纪——女性世纪。女性擅长透过语言来沟通，透过语言来反映情绪，所以会成为21世纪所要求的人类形象，女性将成为一个巨大的力量来改造社会。

Wisdom Talking For Woman

给女人的箴言

已经错失的好男人不要去后悔，他们不属于你，于是你要睁大眼睛再找一个。

——无名氏

THE POWER OF WOMAN

THE POWER OF WOMAN